大气动/静飞行器飞行原理

陈　丽　段登平　编著

上海交通大学出版社
SHANGHAI JIAO TONG UNIVERSITY PRESS

内容摘要

本书分别以飞机和飞艇为对象,进行大气动力和静力飞行器的飞行力学机理研究,将飞行动力学和飞行静力学混合讨论,从共性问题分析到个性问题解决,使读者对两类典型航空器的动力学特性有广泛的认识和深入的理解。

通过描述大气环境特性,给出飞行器的升力、浮力和阻力计算依据;研究飞行器的两种运动学描述方法和四种性能分析方法;建立飞行器的动力学模型,进行稳定性和操纵性分析;给出飞行控制系统基本设计步骤,完成无人飞行器复合控制系统设计,包括优化分配和故障重构。

本书可作为工科相关专业的本科生和研究生的教材,同样可供从事航空飞行器研究的工程技术人员参考。

图书在版编目(CIP)数据

大气动/静飞行器飞行原理/陈丽,段登平编著.—上海:上海交通大学出版社,2015

ISBN 978-7-313-13647-3

Ⅰ.①大⋯　Ⅱ.①陈⋯②段⋯　Ⅲ.①飞行器-飞行原理　Ⅳ.①V212

中国版本图书馆 CIP 数据核字(2015)第 192838 号

大气动/静飞行器飞行原理

编　　著:陈　丽　段登平

出版发行:上海交通大学出版社　　　　　　地　　址:上海市番禺路 951 号

邮政编码:200030　　　　　　　　　　　　电　　话:021-64071208

出 版 人:韩建民

印　　制:昆山市亭林印刷有限责任公司　　经　　销:全国新华书店

开　　本:787mm×1092mm　1/16　　　　印　　张:11.75

字　　数:273 千字

版　　次:2015 年 10 月第 1 版　　　　　　印　　次:2015 年 10 月第 1 次印刷

书　　号:ISBN 978-7-313-13647-3/V

定　　价:35.00 元

前言

本书研究航空飞行器在大气环境中，受外力作用下的运动规律，其研究内容包括飞行器的飞行性能和飞行品质。航空飞行器在大气中有两种飞行模式，一是依靠大气产生的升力克服重力的飞行(空气动力飞行)，二是依靠大气产生的浮力克服重力的飞行(空气静力飞行)。本书分别以飞机和飞艇为研究对象，进行动力飞行和静力飞行的力学机理研究，给出飞行力学分析的共性方法和个性手段，进而阐述大气飞行器的基本飞行原理。

本书主要特色是将飞行动力学和飞行静力学放在一起讨论，从分析共性问题到解决个性问题，使读者对两类典型的航空器有广泛的认识和深入的理解。首先介绍大气环境特性，给出飞行器的升力、浮力和阻力计算依据；分别采用欧拉角和四元数方法描述飞行器的运动学方程；给出飞行性能分析的四种方法(受力分析法、积分法、重力势能法和数值仿真法)；采用参数分析法研究飞行器的静稳定性和静操纵性；基于运动学关系和受力分析建立飞行器的动力学模型，给出非线性方程线性化的数值小扰动和参数化小扰动方法，进而获得飞行器的运动模态，完成飞行器的动稳定性和动操纵性分析；给出无人飞行器飞行控制系统设计步骤和方法，针对冗余配置的无人飞艇给出复合控制系统设计举例，重点进行优化控制分配和可重构控制系统的研究。

本书可作为工科相关专业的本科生和研究生的教材，同样可供从事航空飞行器研究的工程技术人员参考。

浙江大学航空航天学院余松涛教授、上海交通大学航空航天学院胡士强教授和刘洪教授对书稿进行仔细评阅，并提出宝贵意见，在此深表谢意。本书在完稿过程中得到作者的研究生们的大力支持，他们是张茂华、孟蒙、惠光飞和刘芬，在此致以衷心的谢意。

本书的研究工作得到国家自然科学基金资助(编号 61175074 和 11272205)。

由于编者水平所限，书中存在的不足和错误之处，敬请读者批评指正。请通过电子邮件与作者联系：chen2006@sjtu.edu.cn。

目录

符号和定义

V_g　地速

V_w　风速

V_a　空速

ρ　大气密度

$Q = \dfrac{1}{2}\rho V_a^2$　动压

T　推力

G　重力

$\bar{c}$　机翼的平均弦长

b　机翼的展长

$A = \dfrac{b}{\bar{c}}$　机翼展弦比

$S = \bar{c}b$　机翼参考面积

G/S　翼载荷

a　声速

Ma　马赫数 $Ma = V_a/a$

C_D，C_L　阻力系数，升力系数

$C_L = C_{La}(\alpha - \alpha_0)$，$C_{La}$ 升力系数斜率，α_0 零升迎角，α 迎角

$C_D = C_{D0} + kC_L^2$，C_{D0} 零升阻力系数项，kC_L^2 诱导阻力系数项

D，L　阻力，升力

$D = QSC_D$

$L = QSC_L$

$K = \dfrac{L}{D}$　升阻比

γ，χ，μ　航迹爬升角，航迹方位角，航迹滚转角

ϕ，θ，ψ　滚转角，俯仰角，偏航角

α，β　迎角，侧滑角

X，Y，Z　轴向、侧向、法向力

C_X，C_Y，C_Z　轴向、侧向、法向气动力系数

$X_a = QSC_X$，$Y_a = QSC_Y$，$Z_a = QSC_Z$　气动力的三轴分量

L，M，N　滚转、俯仰、偏航力矩

C_l，C_m，C_n　滚转、俯仰、偏航气动力矩系数

$L_a = QS\bar{c}C_l$，$M_a = QS\bar{c}C_m$，$N_a = QS\bar{c}C_n$　气动力矩的三轴分量

a_e，a_r　升降舵、方向舵舵效

$C_{m_{\delta e}}$，$C_{n_{\delta r}}$　升降舵、方向舵操纵效能

i　尾翼安装角

ε，σ　下洗角，侧洗角

α_{wb}　翼身组合体的迎角

V_t，V_f　平尾体积比，垂尾体积比

h_n，$h_{n_{wb}}$　全机焦点位置，翼身组合体焦点位置

B　浮力

M_{net}　飞艇的结构质量

T_{ref}　大气温度

p_{ref}　大气压强

V_T　飞艇的总体积

S_{ref}　飞艇的参考面积

l_{ref}　飞艇的参考长度

Δp　飞艇的内外压差

ΔT　飞艇的内外温差

m_{He}　氦气囊内氦气质量

ρ_{He}　氦气囊内氦气密度

T_{He}　氦气囊温度

V_{He}　氦气囊体积

p_{He}　氦气囊压强

$C_{p,He}$　氦气的热容

R_{He}　氦气的理想气体常量

m_{air}　副气囊内空气质量

ρ_{air}　副气囊内空气密度

T_{air}　副气囊温度

V_{air}　副气囊体积

p_{air}　副气囊压强

$C_{p,air}$　空气的热容

R_{air}　空气的理想气体常数

下角标涵义

t　平尾

f　垂尾

cg　重心

ac　气动中心

w　机翼

b　机身

主要单位换算

1 ft = 0. 304 8 m

1 slug = 14. 593 kg

1 lb = 4. 448 N

$\rho = 1.225 \text{ kg/m}^3 = 2.377 \times 10^{-3} \text{ slug/ft}^3$

$g = 9.8 \text{ m/s}^2 = 32.174 \text{ ft/s}^2$

绪论

0.1 飞行原理研究的内容

飞行原理的研究内容包括两方面：一方面是飞行力学建模和分析，研究飞行器受力后的运动规律，以及表现的飞行品质；另一方面是飞行控制系统设计，根据给定的飞行任务需求，研究如何操纵飞行器达到所需的飞行品质。前者称为开环飞行原理，后者称为闭环飞行原理。

从狭义上来说，飞行原理研究飞行器的运动规律和动力学特性，是力学学科的分支，但从广义上来说，由于飞行器的运动特性与所受的空气动力、发动机推力，以及飞行器结构弹性变形和飞行控制等密切相关，直接决定了飞行器的总体特性、任务能力和使用需求，已成为飞行器设计的出发点和归宿，为此基于力学分析和闭环控制的飞行原理研究正逐步发展为一门飞行器设计领域的系统、综合性学科，同时为飞行器的使用提供基础理论指导。图 0-1 给出了本书研究内容在飞行器设计中的位置关系。

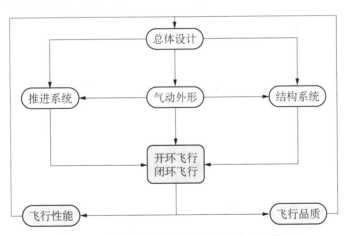

图 0-1　本书研究内容在飞行器设计中的位置

随着航空、航天、导弹、制导兵器、自动控制、计算机和信息技术等科学的发展，虽然大气飞行的基本力学原理未变，但就其研究内容、方法、手段、深度和广度而言，已经从传统的飞行力学，发展成为可控飞行力学和计算飞行力学。高速计算机的利用，大量而又普遍的数学模拟、专用程序或软件包的使用和向用户的开放，从根本上改变了飞行力学研究的状况。

0.1.1　飞行力学模型建立

由于飞行器种类繁多、特性各异,因此飞行力学的研究可分为若干分支:在稠密大气中飞行的大多数飞行器,其工作过程很大程度上是由空气动力决定的,研究其在一定飞行速度下的飞行性能、稳定性和操纵性,主要以空气动力学为基础;还有一类飞行器以产生浮力为基础,能够在密度较低的高空静止于大气中,它与动力飞行器的共同点是具有操纵舵面和气动外形,在一定的飞行速度下仍然是依靠空气动力飞行,它的飞行力学以空气静力和空气动力为基础,本书融合讨论这两类飞行器的基本飞行力学行为。

在基本的力学分析基础上,飞行力学各个分支向更深更专的领域探索,形成若干专题,包括大气湍流对飞机飞行品质影响及改善措施,优化理论在飞行品质研究中的应用,不对称动力飞行动态特性,大迎角/大侧滑角气动非线性,弹性飞行器的非线性气动力和气动伺服弹性,巨型飞艇的流-固-热耦合动力学等。

0.1.2　飞行控制系统设计

从飞行原理考虑,可控飞行动力学问题归结为保证飞行器在各种飞行状态下是稳定的,并满足一定的静态和动态品质要求。

飞行控制系统的发展经历三个阶段:反馈控制、主动控制和综合控制。反馈控制由简单的阻尼器、增稳系统逐渐发展成自动驾驶仪系统,以改善飞机的动态品质,解决长途飞行驾驶员疲劳问题,其设计上是飞机机体和控制系统分别考虑;主动控制从飞机设计开始就结合控制系统考虑,出现了随控布局飞行器,采用主控技术可以研究放宽静稳定性、阵风减缓、机动载荷控制、乘座品质改善、颤振抑制和直接力控制等问题;综合控制阶段开始于 20 世纪 80 年代,随着飞行器功能的增多,采用分散型控制系统,如自动飞行控制系统、自动导航系统、自动推力控制系统等,为协调分系统使飞机总体的某些性能为最优,发展到综合控制阶段。

从控制理论和技术的角度,现代高性能飞行器对飞行控制系统的要求越来越高,基于线性方法的飞行控制律设计已趋成熟,非线性控制理论在飞行控制中得到新的进展,现代飞行控制系统已覆盖了综合化领域,正向智能化领域发展。

0.1.3　未来发展趋势

随着航空科学技术的发展,先进飞行器气动/结构/控制/运动呈现出高度非线性耦合的特性,要求飞行力学与空气动力学、结构力学、飞行控制等学科紧密结合开展研究。

在航空领域,大迎角过失速机动战斗机、大型运输机、平流层飞艇等先进新概念飞行器的设计和研制,对飞行力学学科的研究提出大量技术需求。近期飞行力学研究主要服务于新机的设计研制,即基于先进新概念飞行器的设计研制需求,开展飞行力学相关的理论、方法和技术问题研究。如在大迎角过失速机动飞机的非定常气动建模、过失速敏捷性评估、大迎角飞行品质等;弹性飞行器设计中的流固耦合动力学、气动伺服弹性优化设计等;平流层飞艇设计研究中的巨型柔性结构的流-固-热耦合动力学、气囊充放气建模,以及混合异类执行机构驱动的刚柔耦合体动力学模型等。

飞行器创新布局所导致的非线性动力学特征,呈现出多学科交叉的特点,为创新性控制理论的研究提供了广泛的机遇和挑战,表现如下:①航空飞行器正向高超声速、高隐身化、近空间、长航时等方向发展,使得飞行控制对象日趋复杂,呈现变体、多平台、跨空域的特点,控制作用趋于多元、异构、混合效应;②空天一体化趋势:航空飞行器进入亚轨道,航天飞行器可重回大气层并自主着陆,可重复发射和回收的运载器,对容错控制与控制可重构性能需求强烈;③基于多信息融合的资源分配、任务规划和指挥决策促进了飞行器控制、决策与管理一体化,以及计算、通信和控制一体化的趋势。

0.2 飞行力学若干基础问题探讨

0.2.1 大气扰动建模和抑制问题

大气扰动可导致稳定品质和操纵品质的恶化,结构疲劳和破损,严重时会造成飞行事故。从湍流理论来说,按谱方法处理飞机对大气湍流的响应,目前仍用 Karman 及 Dryden 频谱。然而由于近地飞行,飞机遭遇的大气湍流具有非平稳和各向异性性质,因此关于非高斯、非平稳、各向异性的湍流模型有很多研究;关于离散突风的模型化问题,除了通用的"1 - cosine"型外,学者提出"统计离散突风"模型,形式类似半个 1 - cosine 型离散突风,该模型对任一给定概率,可选出最"坏"的离散突风模型;近地飞行还存在严重的风切变问题,风切变数据用实测值或数学模型描述,由于三维风场的随机性,很难断定哪种模型最好,但采用"最坏的环境条件"考虑的概念,是目前较合理的办法;关于大气扰动中的气动力问题,根据问题性质而决定采用准定常或非定常方法,如果从改善大气扰动响应采用主控技术,且不想在控制系统设计上考虑鲁棒性,则最好采用非定常气动力;不平静大气的仿真着重在近地飞行问题上,利用大气边界层风洞实验,研究地形及建筑物的影响,或用蒙特卡洛技术产生伪随机数,通过成形滤波器提供具有某种频谱的湍流模型也是一种有效的手段。

解决不平静大气扰动问题,一方面有待实测数据的积累、对湍流机理、风切变生成机理进一步深化;另一方面也取决于对湍流及风切变的预报。从实用观点考虑,研究合理的能量管理操纵方式,削弱不平静大气对飞机运动的有害影响是可行的,如主动控制技术的阵风减缓系统已进入实用阶段。

0.2.2 非线性飞行动力学问题

非线性飞行动力学是指必须用非线性数学模型来描述的动力学问题。这类问题从航空发展初期就存在,且已对有些问题作了仔细研究,其成果至今仍在沿用。例如,飞机基本飞行性能计算就是一个非线性质点飞行动力学问题。只不过由于当时所处理的问题较为简单,可以用图解、数值积分方法,以及古典变分理论进行研究。然而,航空工业发展至今,飞行动力学已成为空气动力学、质点系动力学、控制系统理论、结构动力学和人机学等多学科综合的学科。不仅所研究的内容相当广泛,而且所涉及的非线性问题也是多种多样的:非线性流固耦合气动力及力矩,大迎角飞行的非线性动力学,飞控系统复合的非线性动力学,非线性颤振,以及离散系统非线性动力学等。

　　非线性问题一般是指可用非线性的常微分方程、偏微分方程、积分方程或差分方程来表示的问题。由于非线性的形式是多种多样的,因此研究方法也有许多,但在理论研究中大致可分为两大类。第一类是解析的方法,一般对应于定量的研究。第二类为几何的(或拓扑的)方法,一般对应于定性的研究。对由非线性常微分方程所描述的非线性动力学系统,其解析法大致包括:摄动法、平均法、线性化法、间歇法、多尺度法等。近年来非线性动力学系统研究所取得的最大成就是对非线性问题中的混沌现象,以及在非线性动力学系统中对应的怪引子的研究。根据介绍,已经看到许多实际物理系统中都有混沌运动出现,在飞行力学中已经研究并比较肯定的一个具有混沌的例子是非线性颤振问题。

0.2.3　平流层飞艇动力学与控制

　　我国《国家中长期科学和技术发展纲要(2006—2020)》中将高分辨率对地观测平台列为16 个重大专项之一,而平流层飞艇作为其主要平台载体,成为现代航空飞行器的研究热点。

　　平流层飞艇属于大气静力飞行器的一种,具有大尺寸、大惯量、柔性体的特点。由于飞艇近似椭球的外形和充气薄膜结构形式,会产生整体变形和局部变形,变形引起周围流场的变化使得飞艇所受的空气动力也存在非线性;同时飞艇内部充满浮升气体,升降过程中受外界环境风场和热的影响,浮升气体的热力学模型通过改变内部气体的物理特性,影响飞艇所受的浮力和压力,进而影响浮空器流-固耦合动力学模型,因此平流层飞艇的研究给飞行力学提出“巨型柔性体的流-固-热耦合动力学研究”的新方向。

　　平流层飞艇具有复杂的操纵机构配置:压力/浮力系统、气动舵面、矢量推力、前/后副气囊和质量滑块等,各类执行机构自身驱动特性不同,且其操纵效率与浮空器本体和外界环境存在很强的耦合,同时各执行机构对飞行器的位置和姿态的控制存在冗余,因此各个执行机构的复合操纵和综合控制系统设计问题成为提高其飞行品质的研究关键点。

0.2.4　异类控制效应复合控制技术

　　异类控制效应包括主动气流控制、射流矢量喷管、灵巧材料变形控制、连续气动控制面、反作用控制等,这些创新控制作用与常规气动控制面结合使用可有效提升飞行器控制性能。异类多执行机构复合控制技术虽然已经在欧美防空反导系统、航天飞机得到了全面的应用和验证,但还没有形成一套完善的系统设计方法和稳定性分析方法。主要研究方向包括:①异类控制效应机理研究:包括侧向喷流气动干扰流场建模、脉冲发动机引起的运动模态变化和随机干扰分析等;②异类执行机构协调控制研究:考虑多操纵面和推力矢量、多操纵面之间、推力矢量喷口偏转量以及姿态的变化等耦合作用的协调控制分配;③异类执行机构协调实时智能切换:航空飞行器进入亚轨道,航天飞行器再入大气层功能要求航空飞行器和航天飞行器控制效应器混合使用以达到不同飞行阶段和过渡飞行阶段的有效控制;④异类多执行机构复合控制的深层次综合设计:包括异类多执行机构之间的解耦控制,重构控制及其实时实现方法。

0.3　本书编写特点与内容

本书目的是让读者能够建立飞行器动力学模型，基于模型进行飞行器飞行性能和飞行品质分析，并掌握基于飞行品质进行控制系统设计的方法。

0.3.1　编写特点

本书的特色是将大气动力飞行器和静力飞行器的飞行原理融合在一起讲述，以飞机为例研究了大气通用飞行器的建模、气动力分析、稳定性分析、运动模态求解、飞行品质计算和基本控制器设计等共性问题，然后以飞艇为例研究了净浮力计算、热力学建模、垂直升降、矢量推力建模和复合控制等大气静力飞行器的个性问题。在共性问题中凸显个性解决方案，使读者较全面地了解大气飞行器的受力情况，熟悉不同类飞行器的运动特点，特别是对于研究新型动、静混合飞行器具有很好的参考价值。

0.3.2　章节安排

本书编写过程中，始终围绕飞行原理的开环分析和闭环设计这一核心思路，以力学建模、运动分析和控制系统设计为主线展开，使本书在阐述飞行原理的研究内容和方法上具有相对完整和系统全面的特点。

本书除绪论外共 8 章。

绪论介绍飞行力学研究的基本任务，包括飞行力学建模和自主控制系统设计；

第 1 章介绍大气环境特点和模型，进行飞行器的升力、浮力和阻力计算；

第 2 章建立飞行器的运动学关系，包括坐标系变换、欧拉角和四元数；

第 3 章研究飞行器的飞行性能，包括稳态飞行性能、机动飞行性能、续航性能、滑跑起飞和着陆性能和飞艇垂直起降性能；

第 4 章研究飞行器的静稳定性和静操纵性，分别给出了飞机和飞艇的静稳定性分析结果；

第 5 章采用受力分析法建立飞行器的动力学方程，给出模型解耦依据和非线性方程线性化方法；

第 6 章研究飞行器的动稳定性和动操纵性，给出飞机和飞艇的动稳定性和动操纵性分析结果；

第 7 章给出基本飞行控制系统设计步骤和 PID 控制器设计方法；

第 8 章给出了混合异类执行机构的复合控制系统设计方法和理论。

1 大气飞行基础

基于大气飞行器的飞行范围,描述了地球表面大气环境特点,阐述了升力、浮力和阻力的产生原理,研究了大气飞行器的气动布局和动力配置,进而给出了大气飞行器的设计依据。

1.1 地球大气层

1.1.1 大气层的分布

包围整个地球的空气总称为大气,大气离地球表面越远就越稀薄。在大气层内,大气温度、压强和密度等随高度发生变化,按其变化特征,可将大气分为:对流层、平流层(同温层)、中间层、电离层和散逸层(见图1-1)。

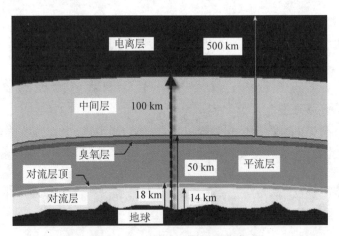

图1-1 地球表面大气层分布

对流层的平均高度在地球中纬度区约为11 km,在赤道约为17 km,在两极约为8 km。由于地球对大气的引力,在对流层内几乎包含了大气质量的3/4,因此在该层的大气密度较大,大气压力较高。并且大气中含有大量水蒸气,所以雨、雪、云、雾等气象变化产生在对流层中。另外,由于地形和地面温度的影响,对流层内不仅有空气的水平流动,也有垂直流动,因此称为对流层。

平流层的高度为12~32 km,平流层内大约集中了大气质量的1/4,所以绝大部分大气都集中在对流层和平流层这两层大气内,而且目前大部分的大气飞行器也只在这两层内活动。从 12~20 km,大气温度基本不变(又叫同温层);从 20~32 km,温度随高度而上升。平流层内没有垂直的空气流动,大气只有水平方向的运动,这种水平流动主要是由于地球自转造成的,没有雷雨等气象变化。

中间层的高度从离地 30~100 km。在这一层温度先是随高度上升,在 53 km 处达到282.66 K,以后下降,在 80 km 处降低到 196.86 K,这一层的空气质量约占总质量的 1/3 000。中间层内有大量的臭氧,从这层开始称为"高层大气"。

近年来距地面 20~100 km 高度的区域又被称作临近空间(near space)。在这一区域,大气的稀薄特性使得大气动力飞行器无法获得足够的气动升力;而大气阻力的耗散作用使得卫星速度会迅速衰减进而导致陨落,因此,能够长时间在临近空间运行的飞行器非常有限。目前,世界各国提出了多种临近空间飞行器发展方案,研究热点集中在平流层飞艇、浮空气球和高空长航时太阳能无人机上。

1.1.2　标准大气表达式

大气气象条件随时间和地点的变化而改变。无论飞行器设计,还是实验研究,都要考虑到大气条件的改变对飞行器性能的影响,为了便于不同地点的大气比较,工程上规定一个标准大气。我国国家标准 GB 1920—80 列出 30 km 以下部分的标准大气,系取自 1976 年美国标准大气,这个标准是按中纬地区的平均气象条件统计出来的。

标准大气规定在海平面上,大气温度为 $T_0 = 15℃$ 或 288.15 K,大气压强为 $P_0 = 760\,\text{mmHg} = 101\,325\,\text{N/m}^2$,大气密度为 $\rho_0 = 1.225\,\text{kg/m}^3$,在 0~20 km 高度范围对流层和平流层的大气参数可用如下述标准大气公式近似表达:

$H = 0\,\text{m}$,　　$p_0 = 101\,325\,\text{Pa}$, $T_0 = 288.15\,\text{K}$, $\rho_0 = 1.225\,\text{kg/m}^3$

$H < 11\,000\,\text{m}$,

$$p = p_0 \left(1 - \frac{H}{44\,300}\right)^{5.255}, \quad T = T_0 - 0.006\,5H, \quad \rho = \rho_0 \left(1 - \frac{H}{44\,300}\right)^{4.255}$$

$H = 11\,000\,\text{m}$,

$$p_{11\,000} = 22\,632\,\text{Pa}, \quad T_{11\,000} = 216.65\,\text{K}, \quad \rho_{11\,000} = 0.363\,9\,\text{kg/m}^3$$

$20\,000 > H > 11\,000\,\text{m}$,

$$p = p_{11\,000}\,\text{e}^{\frac{H-11\,000}{6\,350}}, \quad T = T_{11\,000}, \quad \rho = \rho_{11\,000}\,\text{e}^{\frac{H-11\,000}{6\,350}} \tag{1-1}$$

1.1.3　空气的物理性质

1.1.3.1　粘性和压缩性

粘性是空气自身相互粘滞或牵扯的特性。粘性主要是由于气体分子做不规则运动的结果。粘性大小和温度有关,温度越高,空气分子的不规则运动加剧,空气的粘性大,反之就小(与液体相反)。

　　压缩性是在压力(压强)作用下或温度改变情况下,空气改变自己的密度和体积的一种特性。当物体在空气中的运动速度很快时,空气就显示出可压缩特性。声音是声源在空气中振动,使周围的空气发生周期性的密度变化,形成一疏一密的声波,被人的耳膜所感受。飞行器飞行时也压缩前面的空气造成疏密波。这种疏密波与声波本质是一样的,只是它的频率不在人的感觉范围之内。声波在空气中传播的速度就是声速。声速在海平面标准状态下,约等于341 m/s。

　　空气被压缩的程度与空气的密度和施加于空气的压力有关。空气的密度越大(例如在低空或海平面处),则空气越难以压缩,其压缩程度就越小。施加于空气的压力越大,空气被压缩的程度也越大。但是空气密度与声速有某种对应关系,密度大,声速也大,密度小,声速也小。所以空气密度可以用声速来衡量。

　　同样施加于空气的压力与物体在空气中的运动速度有关。速度越大压力越大,速度越小压力也越小。因此可以用物体运动速度与声速之比来衡量空气被压缩的程度,这个比值称为马赫数(mach number),通常用 Ma 表示:$Ma = V_a/a$,式中 V_a 表示在一定高度上,飞行器相对空气的速度,a 表示该处的声速。根据马赫数的大小可以把飞行器速度分为四类。亚声速:$Ma < 0.75$,跨声速:$0.75 < Ma < 1.2$,超声速:$1.2 < Ma < 5.0$,高超声速:$Ma > 5.0$。低速时($Ma < 0.3$),可以认为空气是不可压缩的。

1.1.3.2　伯努利方程

　　飞行器在空中飞行,根据相对性原理也可以看成飞行器周围的空气用同样的速度以相反的方向流过飞行器表面。流过飞行器表面的空气会对飞行器产生作用,这种作用主要有两个方面:动力学作用和热力学作用,前者是空气加一种力在飞行器上,称之为空气动力,后者是由于空气分子与飞行器表面摩擦,使飞行器表面的温度增高。刚性飞行器低速飞行时,重点考虑空气的动力学作用。

　　低速流动时,可以近似认为空气是不可压缩的,即密度保持不变,同时流体也不会中断,必须维持连续的流动。图 1-2 为理想流体在流管中的流动示意。这样在单位时间内流过管道内不同截面处的流体质量应该一致:$m_1 = m_2$,也就是 $\rho_1 V_1 A_1 = \rho_2 V_2 A_2$ 且 $\rho_1 = \rho_2$,则有 $\dfrac{V_1}{V_2} = \dfrac{A_2}{A_1}$。

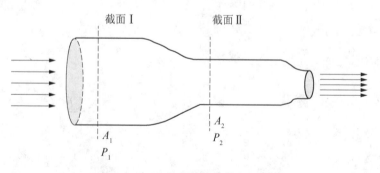

图 1-2　理想流体在流管中流动

1738 年瑞士物理学家伯努利首先导出不同截面的管道内流体的流速和静压的关系,称为伯努利方程:即理想流体(非粘滞、不可压缩)在流管中做定常流动时,流线上任意两点的总压不变,即

$$P_1 + \frac{1}{2}\rho V_1^2 = P_2 + \frac{1}{2}\rho V_2^2 \tag{1-2}$$

由该方程可以得出如下结论:当流体以稳定的流速在管道内流动时,管道截面小的地方流速大,而管道截面大的地方流速小,在管道截面大的地方,流体的静压也大,在管道截面小的地方,静压也小,伯努利方程阐述流体在流动中流速和静压之间的关系,是动升力飞行器产生升力的依据。

1.1.4　风场的分布

风是一种自然现象,是由于两点之间的气压不平衡造成空气流动而形成的。按风速截面分解,将风场分为定常风、风切变、大气湍流和突风四种表现形式。定常风指空间中某点处、某时刻风的主要部分,是该点处在某时间段内观测值的平均值,在时间上相对稳定;风切变指平均风速在一定的时间间隔和距离上的变化,表现为风矢量沿垂直或水平方向上的改变量,分别称为风的垂直切变和水平切变;阵风(突风)是在短时间或高度间隔内,相对于基准定常风的随机增量;大气湍流是一组无规则的、连续的和随机的大气运动。风随高度变化而变化,近地风(1 000 m 以下)属于不稳定风,高空风比较稳定,但也会出现风切变。

定常风一般影响飞行器的飞行轨迹,阵风和大气湍流影响到飞行品质,而风切变主要影响到飞行器进行终端飞行时的安全。

1.1.4.1　定常风和风切变

因为每个地方的气候条件不一样,所以每年的气候也会有所差别,选定放飞区域,对该区域进行风场建模,需要长期的大量气象数据,对其进行统计分析,得出概率最大的定常风风场分布模型。利用统计数据建立定常风场的模型,包括风的大小和方向随时间和空间的改变。

风的切变强度不仅与高度、经纬度和季节有关,还与距离和风速大小有关。设相隔一定高度 h 的两点上的风矢量分别为 $\boldsymbol{W}_1$ 和 $\boldsymbol{W}_2$,则两点的风切变模型为

$$\Delta W = |\Delta \boldsymbol{W}| = \sqrt{W_1^2 + W_2^2 - 2W_1 W_2 \cos \Delta\alpha} \tag{1-3}$$

式中,$\Delta\alpha$ 为给定距离的两点上风矢量 $\boldsymbol{W}_1$ 和 $\boldsymbol{W}_2$ 之间的夹角。风切变强度定义为

$$|\delta \boldsymbol{W}| = \frac{|\Delta \boldsymbol{W}|}{h} \tag{1-4}$$

我国某地夏季 0~20 km 高度范围的定常风速分布,取高度间隔为 100 m,可得到纬向风的垂直切变强度曲线,如图 1-3 所示。

1.1.4.2　阵风和大气湍流

阵风也称为突风,表现为确定性的风速变化。突风的数值与平均风速大小无关。突风层

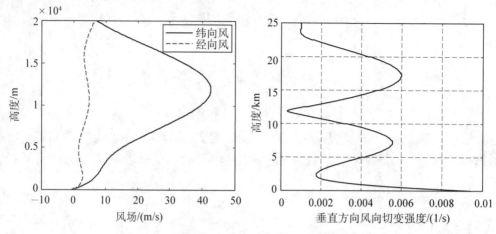

图 1-3　我国某地定常风随高度分布和垂直风切变

的厚度反映了突风在飞行器上作用的时间。阵风是影响飞行器发射、飞行和目标精度的重要因素。飞行器设计中采用的阵风模型按其剖面的几何形状有矩形、梯形、三角形和正弦等形状。NASA 的典型突风模型为梯形剖面：

$$
V = \begin{cases}
\dfrac{V_{\max}}{2}\left\{1 - \cos\left[\dfrac{\pi}{30}(y - H_{\text{ref}})\right]\right\} & (H_{\text{ref}} \leqslant y < H_{\text{ref}} + h) \\[2mm]
V_{\max} & (H_{\text{ref}} + h \leqslant y < H_{\text{ref}} + 2d_{\text{m}} - h) \\[2mm]
\dfrac{V_{\max}}{2}\left\{1 - \cos\left[\dfrac{\pi}{30}(y - H_{\text{ref}} - 2d_{\text{m}})\right]\right\} & (H_{\text{ref}} + 2d_{\text{m}} - h \leqslant y < H_{\text{ref}} + 2d_{\text{m}})
\end{cases}
$$

$$(1-5)$$

取突风的最大振幅 $V_{\max}$ 为 9 m/s，起始高度为 $H_{\text{ref}} = 60$ m，突风从最小速度达到最大速度的变化高度间隔为 $h = 30$ m，最大风速维持高度间隔为 $d_{\text{m}} = 180$ m，得到 NASA 的典型 9 m/s 阵风模型，如图 1-4 所示。

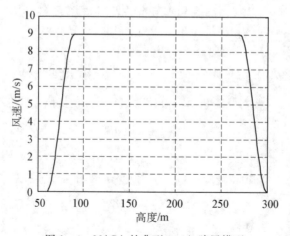

图 1-4　NASA 的典型 9 m/s 阵风模型

大气湍流在风速剖线中表现为叠加在平均风上的连续随机脉动。阵风是风场离散的或确定性的变化,而大气湍流是风场随机连续的变化。描述湍流的常用模型有 Dryden 模型和 von Karman 模型,对于刚性飞行器来说 Dryden 模型简单而适用,其功率密度谱函数为

$$E(\Omega) = \frac{16}{2\pi}\sigma^2 L \frac{(L\Omega)^4}{[1+(L\Omega)^2]^3} \tag{1-6}$$

式中,σ 为湍流强度;L 为湍流尺度;Ω 为空间频率。该模型适用于 $15\sim20$ km 以下的大气层。

1.2 空气动力飞行器

在大气中依靠运动产生升力的飞行器称为空气动力飞行器,也叫重于空气的飞行器。大部分空气动力飞行器都有产生升力的翼面——机翼或旋翼。

大气动力飞行器主要分为定翼和动翼两类。定翼机有飞机和滑翔机两种,它们依靠机翼的升力克服重力;动翼飞行器是翼面做旋转运动的飞行器,如直升机,它的发动机直接带动翼面旋转产生升力,可以垂直起降。

1.2.1　飞机的组成

飞机由下列几部分构成:机翼、机身、尾翼、动力装置和起落装置等(见图 1-5),各部件的主要功能如下:

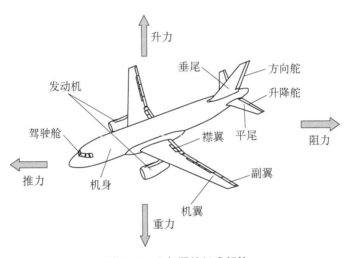

图 1-5　飞行器的组成部件

(1) 机翼:产生升力来克服重力的主要部件。

(2) 安定面:尾翼上不动的翼面部分,具有稳定平衡作用,包括垂尾和平尾。

(3) 舵面:可偏转的翼面部分,用于操纵飞行器,主要有升降舵、方向舵、副翼和扰流片等。

(4) 机身:装载、连接其他部件的飞行器本体。

(5) 起落架:飞机用于起降滑跑和地面支撑的部件。

(6) 动力系统:产生飞机速度的主要推力部件,包括发动机及其附件系统。

(7) 机载设备：飞行驾驶舱内的仪表、通信、导航、环境控制、生命保障和能源供给等部件。

(8) 操纵系统：操纵飞机的传力机构和部件。

1.2.2   飞机的升力

应用伯努力利定理来解释机翼上产生升力的原因。图 1-6 给出了飞行器升力产生原理示意，飞机飞行时，相对气流与翼剖面的翼弦之间的夹角用迎角 α 表示。离机翼前缘较远的前方，空气未受机翼的影响，因此气流是平行均匀流动的，流管的上半部分和下半部分流速是一样的。由伯努利定理可知，该处上下两部分的空气静压也是一样的。当空气接近机翼前缘时，气流开始折转，一部分空气向上绕过机翼前缘流过机翼上表面。另一部分空气仍然由机翼下表面通过。这两部分空气最后在机翼后缘的后方会合，恢复到与机翼前方未受扰动的气流相同的均匀流动的状态。在气流被机翼分割为上下两部分时，由于翼型上表面凸起较多而下表面凸起较少，有的翼型甚至是凹的，加上机翼有一定的迎角，使流过机翼上表面的流管面积比机翼前方的流管面积减少很多，流速增大。由伯努利定理可知，机翼上表面的静压比机翼前方的气流静压小得多。但翼型下表面的流管面积与机翼前方的流管面积相比反而增大，因此机翼下表面的静压比机翼前方的气流静压大。由于机翼前方未受干扰的气流静压是一致的，所以上下翼面之间产生一个静压差，下表面的静压比上表面大，这个静压差在垂直于气流方向上的分量就是机翼产生的升力。

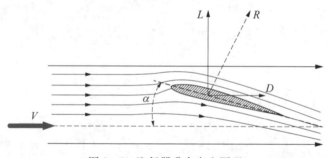

图 1-6　飞行器升力产生原理

实际上，作用在机翼上的力并不是图示那样作用在一点的集中力，而是分布在整个机翼表面的分布力（见图 1-7）。这种气动力的分布情况随着机翼迎角的不同而有变化，因此飞行器的升力也随着迎角的不同而变化。

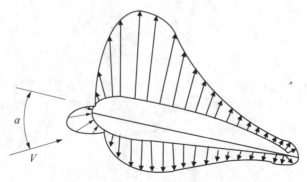

图 1-7　迎角和翼型表面的压力分布

对于某一种翼型的机翼可以通过实验得出一条升力系数与迎角的关系曲线。曲线中升力系数等于零的迎角为零升力迎角,对于不对称翼型,零升力迎角一般都小于零度。对于对称翼型,零升力迎角就等于零度。升力系数随着迎角的增大而增大,达到最大值升力系数 C_{Lmax} 时的迎角为临界迎角 α_c。当迎角超过临界迎角后,升力系数就很快下降,这是因为迎角过大,机翼上表面的气流不能维持平滑的流动,气流一绕过前缘很快就开始分离,产生流向不定的杂乱无章的流动。这种流动状态使机翼上表面的压力加大,升力也就很快下降了,这种现象叫做失速。但在实际飞行中,通常不允许飞行器达到 C_{Lmax}。这是因为在迎角达到 α_c 之前,由于机翼气流分离的发展,就可能出现翼尖下坠或机头下俯等失速现象,这时的升力系数为失速升力系数 C_{Ls},因此失速迎角 α_s 通常小于临界迎角。为了飞行安全,规定一个允许飞行器达到的最大升力系数称为允许升力系数 C_{La}。除此之外,大多数飞行器接近失速迎角之前,由于机翼处于不稳定的气流分离区域内,会引起机翼不规则振动,称为抖振,相应的升力系数为抖振升力系数 C_{Lsh}。对于战斗使用的歼击机,这种抖振短时间内可以发挥飞行的潜能,因此不按照开始出现抖动来限制升力系数的最大允许值。

影响升力系数的因素有:迎角、翼型(弯度、展弦比)、机翼的平面形状(包括后掠角)、机翼的表面条件、大气雷诺数和声速。而大气密度和空速直接影响升力的大小。图 1-8 给出了飞行器升力系数与迎角的关系。

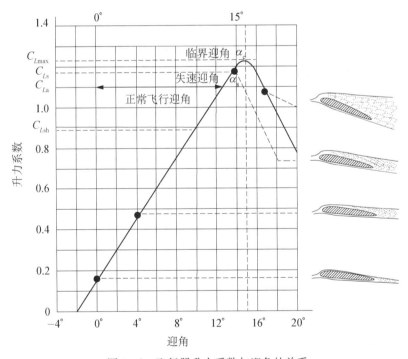

图 1-8 飞行器升力系数与迎角的关系

通过实验和理论研究,提出如下公式计算升力的大小:

$$L = \frac{1}{2}\rho V_a^2 S C_L \tag{1-7}$$

式中，$Q = \frac{1}{2}\rho V_a^2$ 称为动压；ρ 为飞行高度处的空气密度；V_a 为飞行器空速，可见飞行高度越低，飞行速度越大，机翼上的升力也越大；S 为机翼的有效面积，机翼面积越大，升力当然也越大；公式中的升力系数 C_L 通常是通过风洞实验得来的，对于低马赫数有 $C_L = C_{L\alpha}(\alpha - \alpha_0)$，这里 α_0 对应于升力等于零的迎角，$C_{L\alpha}$ 和翼型有关，近似为常数。

1.3 空气静力飞行器

通过在大气中的浮力克服自身重力的飞行器称为空气静力飞行器，也称为轻于空气的飞行器（浮空器）。空气静力飞行器根据是否具备推进装置，分为气球和飞艇两种。气球是不带推进装置的，不能自由控制方向，只能随风飘流。但垂直方向的升降可以通过改变配重实现控制。飞艇是装有安定面、方向舵和升降舵的流线型气球，并装有推进螺旋桨产生动力，它像一艘空中飞船，能在很大的高度范围内按照规定的方向飞行，按其飞行高度分为低空飞艇、中空飞艇（10 km 以下）和高高空飞艇（20 km 左右），高高空飞艇又称为平流层飞艇，是临近空间浮空器的主要形式。

1.3.1 飞艇的组成

飞艇的典型结构组成如图 1-9 所示。飞艇内部有两个空气囊和一个主气囊，飞艇的主气囊装满轻于空气的气体（如氦气），提供总的浮力；空气囊装有空气，又称为副气囊。副气囊通过阀门和风机与外界大气进行质量交换，从而与外界大气保持一定的压差，维持飞艇外形。在飞艇的尾部采用交叉尾翼，尾翼上共有四个舵面，分别为两个升降舵和两个方向舵。为了抵御风对于飞艇的影响，采用了尾部推力或两侧矢量推力，矢量推力可以在纵向平面内自由偏转，辅助飞艇的升降。按照结构形式划分，飞艇分为硬式飞艇、半硬式飞艇和软式飞艇。软式飞艇内部没有刚性骨架，依靠内部气体与外部气体的压差维持飞艇的外形，通常内外压差为 300～800 Pa 之间。

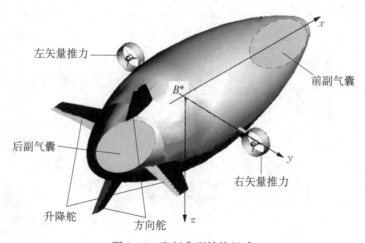

图 1-9 飞艇典型结构组成

1.3.2　飞艇的浮力

飞艇有两个重要的浮力定义：飞艇在大气中所受的总浮力为静浮力；飞艇受到的静浮力和自身重量的差为净浮力。

假设外界大气、主气囊中的氦气和副气囊中的空气都满足理想气体状态方程：

$$pV_{ol} = mRT$$

式中，T 为气体温度；V_{ol} 为气体的体积；m 为气体的质量；R 为该气体的气体常数；p 为气体压强。

外界参考大气的压强为 p_{ref}，参考温度为 T_{ref}，对于软式飞艇，飞艇内外压差为 Δp，受环境温度变化的影响，氦气囊内外会有温差 ΔT，在氦气囊体积一定情况下，气囊内的氦气密度 ρ_{He} 和空气密度 ρ_{air} 与同一高度外界大气中氦气密度 ρ'_{He} 和空气密度 ρ'_{air} 关系分别为：

$$p_{air} = p_{He} = p_{ref} + \Delta p \tag{1-8}$$

$$\rho_{He} = \rho'_{He}\left(1 + \frac{\Delta p}{p_{ref}}\right)\left[\frac{1}{1 + \dfrac{\Delta T}{T_{ref}}}\right] \tag{1-9}$$

$$\rho_{air} = \rho'_{air}\left(1 + \frac{\Delta p}{p_{ref}}\right)\left[\frac{1}{1 + \dfrac{\Delta T}{T_{ref}}}\right] \tag{1-10}$$

在理想大气中飞艇的体积、质量和净浮力表达式为

$$V_T = V_{He} + V_{air} \tag{1-11}$$

$$m = m_{air} + m_{He} + M_{net} = \frac{p_{air}V_{air}}{R_{air}T_{air}} + \frac{p_{He}V_{He}}{R_{He}T_{He}} + M_{net} \tag{1-12}$$

$$L_n = B - G = \rho g V_T - mg \tag{1-13}$$

式中，V_T 为飞艇总体积；m 为飞艇总质量；M_{net} 为飞艇总质量减去内部气体质量；B 为飞艇的静浮力；G 为飞艇的重力；L_n 为净浮力。

1.4　飞行器的阻力

作用在飞行器上的力除了升力和浮力以外，还有阻力。飞行器机身、起落架、机翼和尾翼等都可以产生阻力。飞机在巡航飞行时，机翼阻力大约占总阻力的 $25\%\sim35\%$，所以不能像升力那样，用机翼阻力来代表整架飞行器的阻力。

在某些情况下，飞行器阻力不但无害，而且是完全必需的。这时应当采取措施迅速增加阻力。例如，当歼击机同敌机在空中格斗时，为了提高机动性，有时需要突然打开阻力板（又叫减

速板），来迅速增大阻力，降低速度，绕到敌机后方的有利位置进行攻击。另外某些高速飞行器在着陆时，为了增大阻力、降低着陆速度和缩短滑跑距离，打开阻力伞就可达到目的。

　　按产生阻力的原因分类，飞行器上的阻力有摩擦阻力、干扰阻力、压差阻力和诱导阻力等。空气具有粘性，当气流流过飞行器表面时，空气微团与飞行器表面发生摩擦，阻碍了气流的流动，由此而产生的阻力就叫做摩擦阻力。飞行器的各个部件单独放在气流中所产生的阻力的总和往往是小于组成一架飞行器时的阻力，干扰阻力就是飞行器各部分之间由于气流相互干扰而产生的一种额外阻力。下面详细解释压差阻力和诱导阻力。

1.4.1　压差阻力

　　如图1-10所示，如果把一块平板垂直地竖立在气流中，前面压强增大，后面压强减小，前后形成了巨大的压强差产生了压差阻力。如果把平板平行于气流方向置于气流中，则产生的压差阻力就很小。由此可见，压差阻力同物体的迎风面积、形状和在气流中的位置都有很大关系。所谓迎风面积，就是物体上垂直于气流方向的最大截面面积。从经验得知物体的迎风面面积越大，压差阻力也就越大。

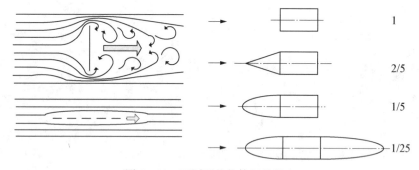

图1-10　不同形状物体压差阻力

　　图1-11给出了不同飞行速度下声音的传播方式示意。高超声速飞行器的激波阻力属于压差阻力，当飞行器的飞行$Ma \geqslant 1$时，由于空气可压缩性的影响，飞行器上就会有激波产生（见图1-12）。如果把飞行器想象成一个微小的质点，该质点与周围空气相互撞击后产生扰动波。如果质点没有运动速度，则质点的扰动波以声速向四周传播，形成以质点为中心的同心球面波。如果质点以1/2声速的速度向前飞行，由于声速比质点运动速度大，所以质点总是落在它传出去的扰动波后方，在质点的周围造成偏向前进方向的不同心球面波。如果质点的飞行速度与声速相等，则无数扰动波都叠聚在质点前面，形成一个质点位置所在的与前进方向垂直的平面，该平面不断随质点向前移动，但质点所造成的空气扰动波都不会传播到该平面前方去。声波叠合累积的结果会造成震波的产生，进而对飞行器的加速产生障碍，而这种因为声速造成提升速度的障碍称为声障。如果质点以两倍声速飞行，则所有扰动波都被质点超过，在飞行质点后方造成一个锥面，扰动波被局限在这个锥面内，称为扰动锥。飞行器上每一个质点都在飞行器前方造成一道界面波，无数道界面波叠加在一起，造成一种与飞行器形状有关的强扰动波，这种扰动波前后的空气压强、密度和温度都突变，这样的边界波就称为激波。

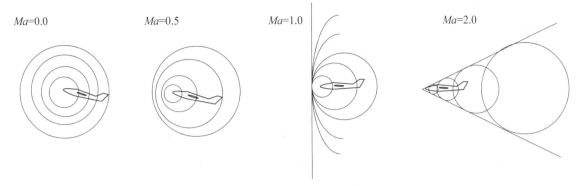

图 1-11   不同飞行速度下声音的传播

图 1-12   高超声速飞行器激波

1.4.2   诱导阻力

飞机机翼上的摩擦阻力和压差阻力共称为翼型阻力。但机翼上除翼型阻力外还特有一种诱导阻力,因为这种阻力是伴随着机翼上升力的产生而产生的(尾翼上也会产生诱导阻力)。

当飞机飞行时,下翼面压强大、上翼面压强小。由于翼展的长度是有限的,所以上下翼面的压强差使得气流从下翼面绕过两端翼尖,向上翼面流动。当气流绕过翼尖时,在翼尖处不断形成旋涡,从飞行器的正前方看去,右边(飞行器的左机翼)的旋涡是逆时针方向的,左边(飞行器的右机翼)的旋涡是顺时针方向的。随着飞行器向前方飞行,旋涡就从翼尖向后方流去并产生了向下的下洗速度。下洗速度在两个翼尖处最大,向中心逐渐减小,在飞行器对称面内减到最小(见图 1-13)。

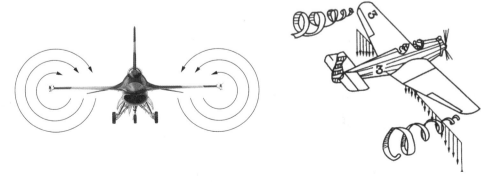

图 1-13   机翼下洗流

　　在机翼中任取某一剖面来研究。由于下洗流流过该剖面的气流除了原来的相对速度 V_∞ 之外又产生了垂直向下的下洗速度 w。由 V_∞ 和下洗流 w 合成的合速度 V_e 是气流流经该翼剖面的真正相对速度。V_e 与 V_∞ 的夹角 ε 称为下洗角。升力 L 是定义为总空气动力在垂直于相对速度 V_∞ 的方向上的分力,可是气流流过机翼以后,由于下洗速度的作用,使 V_∞ 的方向改变,向下转折一个下洗角 ε,而成为 V_e 方向。因此,原来的升力 L 也随之偏转一个角度 ε,而与 V_e 垂直成为 L_i,可以近似认为两者大小差别不大。然而飞行器的飞行方向仍然是原来 V 的方向,因此 L_i 就产生一个与飞行器前进方向相反的水平分力 D_i(见图 1-14)。这是阻止飞行器前进的阻力,这种阻力是由升力的诱导而产生的,因此叫做诱导阻力。它是由于气流下洗使原来的升力偏转而引起的附加阻力,并不包含在翼型阻力之内。诱导阻力同机翼的平面形状、翼剖面形状和展弦比有关,所以为了减小机翼的诱导阻力,应该选取椭圆形的机翼平面形状,并尽可能加大机翼的展长,即增加展弦比使翼尖处下洗严重区在机翼翼展中所占的比重下降。

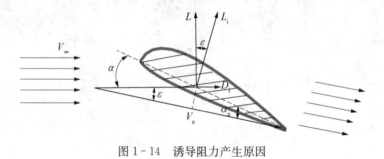

图 1-14　诱导阻力产生原因

1.4.3　阻力计算

　　阻力系数也与飞行器的迎角有关(见图 1-15),在某一迎角下阻力系数达到最小值,该迎角称为最小阻力系数迎角。而其他迎角的阻力都要比该迎角的阻力大。

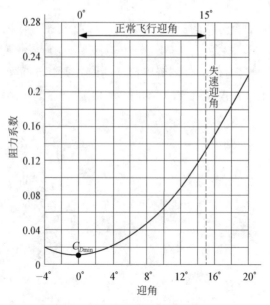

图 1-15　阻力系数与迎角关系

阻力同升力一样,是空气动力的一部分,可以用同样形式计算阻力:

$$D = C_D \frac{1}{2} \rho V_a^2 S \tag{1-14}$$

式中,C_D 为阻力系数,由风洞实验求得;参考面积 S 决定于该公式适用的部件,对于机翼是机翼平面面积,而对于机身则取为机身的最大横截面积;在低速范围内阻力系数可以近似表达为 $C_D = C_{D0} + kC_L^2$,其中 C_{D0} 为零升阻力系数,kC_L^2 为诱导阻力系数项。

在飞行器的阻力中,除诱导阻力之外的阻力统称为寄生阻力,飞行器的阻力随迎角的增加而增加,随飞行速度的增加而增加,主要原因是迎角增加使飞行器迎风面积增大,随着飞行速度的变化,飞行器的阻力有一个最小值,该点速度称为最小阻力速度,也是升阻比最大时的速度(见图 1-16)。

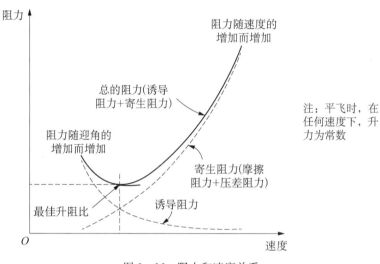

图 1-16 阻力和速度关系

2 飞行器的运动学

飞行器的运动学与动力学相对应。飞行器的运动学是指飞行器的空间位置和速度以及飞行器的姿态角和角速度之间的几何关系,飞行器的动力学是指飞行器受力和力矩以后,其线加速度和角加速度的变化关系。

2.1 飞行器的速度

飞行器在大气中飞行,主要相关速度定义如下:

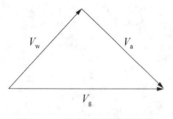

飞行速度 V_g(ground speed):飞行器相对地面运动速度,又叫地速。

风速 V_w(wind speed):空气相对地面的运动速度。

空速 V_a(air speed):飞行器相对于空气的运动速度。

它们之间关系如图 2-1 和式(2-1)所示。

图 2-1 飞行器的速度矢量

$$V_g - V_w = V_a \qquad (2-1)$$

2.2 飞行器的姿态

飞行器在惯性空间主要有三个运动姿态:滚转、俯仰和偏航,分别围绕其纵向轴线、侧向轴线和法向轴线定义(见图 2-2)。为了描述飞行器在空间的位置和姿态与受力的关系,需要建立合理的坐标系,根据研究问题的不同,选择不同的坐标系为基准,便于对问题的理解。

飞行器常用坐标系有机体坐标系、地面坐标系、航迹坐标系和气流坐标系。图 2-3~图 2-6给出了各坐标系的定义。

1) 地面坐标系 I:$o_g x_g y_g z_g$(又叫惯性坐标系(*OXYZ*)

原点 o_g:地面上某一点;

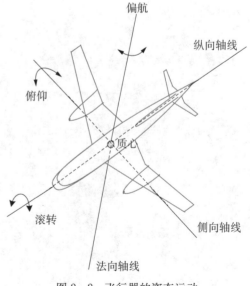

图 2-2 飞行器的姿态运动

x_g：在水平面内，并指向某一方向；

z_g：垂直于地面，并指向地心；

y_g：在水平面内垂直于 x_g 轴，指向由右手定则确定。

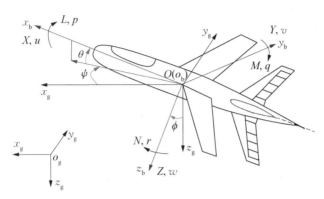

图 2-3　地面坐标系和机体坐标系

2）机体坐标系 B：$o_b x_b y_b z_b (oxyz)$

原点 o_b：机体上某一点（通常为重心或浮心）；

x_b：机体纵轴线；

y_b：垂直对称平面，指向机身右方；

z_b：对称平面内垂直于 x_b 向下。

3）航迹坐标系 K：$o_k x_k y_k z_k$

原点 o_k：与机体坐标系原点重合；

x_k：与飞行地速 V_g 方向一致；

z_k：位于包含 V_g 的铅垂面内，与 x_k 垂直，并指向下方；

y_k：垂直于 $o_k x_k z_k$ 平面，指向按右手定则。

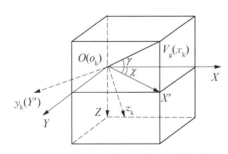

图 2-4　地面坐标系和航迹坐标系

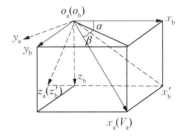

图 2-5　气流坐标系和机体坐标系

4）气流坐标系 A：$o_a x_a y_a z_a$

原点 o_a：与机体坐标系原点重合；

x_a：与飞行空速 V_a 重合一致；

z_a：对称平面内垂直于 x_a，指向机腹下方；

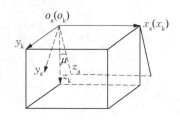

图2-6　无风时气流坐标系和
　　　　航迹坐标系

y_a：垂直 $o_a x_a z_a$ 平面，指向机身右方。

表2-1给出了飞行器的三轴运动参数定义。

航迹滚转角：无风时，航迹坐标系 $o_k x_k$ 和气流坐标系的重合 $o_a x_a$，所以一个角度 μ 决定航迹坐标系和气流坐标系的关系（见表2-2）。其定义为 $o_a z_a$ 与包含地速矢量 V_g 的铅垂平面之间的夹角。$o_a z_a$ 绕地速矢量向右滚转定义为正。

表 2-1　飞行器的三轴运动参数定义

运动参数 运动形式	气动力矩	线速度	角速度	姿态角	操纵舵面	舵面偏转
纵向运动	俯仰力矩 M_a	u	q	俯仰角 θ：机体轴 x 与水平面间夹角，抬头为正	升降舵 δ_e	下偏为正，产生负俯仰力矩
横向运动	滚转力矩 L_a	v	p	滚转角 ϕ：机体轴 z 与通过机体轴 x 的铅垂面之间的夹角，飞行器向右滚转时为正	副翼 δ_a	左上右下为正，产生负滚转力矩
航向运动	偏航力矩 N_a	w	r	偏航角 ψ：机体轴 x 在水平面上投影与地轴 x_g 间夹角，机头右偏航为正	方向舵 δ_r	左偏为正，产生负偏航力矩

表 2-2　飞行器的气流角和航迹角定义

迎角 α	侧滑角 β	航迹爬升角 γ	航迹方位角 χ	航迹滚转角 μ
飞行空速 V_a 在对称平面内的投影与机体轴 x_b 之间的夹角，V_a 的投影在机体轴下面为正	飞行空速 V_a 与对称平面的夹角，V_a 的投影在对称平面右侧为正	飞行地速 V_g 与地平面间夹角，飞行器向上飞时为正	飞行地速 V_g 在地平面上投影与地轴 x_g 之间的夹角，投影在 x_g 右侧为正	$o_a z_a$ 与包含地速 V_g 的铅垂平面之间的夹角，绕速度矢量向右滚转定义为正

2.3　直角坐标系变换

飞行器的各种状态参数是在不同的坐标系中定义的，因此需要研究各个坐标系的关系，直角坐标变换是一种手段。以原点重合的坐标系 $oxyz$ 和 $OXYZ$ 为例，$OXYZ$ 坐标系可通过3次旋转与 $oxyz$ 坐标系重合（见图2-7），旋转顺序具有多种形式，但不能绕一个轴连续旋转两次。为此可得出两类 12 种可能的旋转顺序：

一类：1—2—3，1—3—2，2—3—1，2—1—3，3—1—2，3—2—1；

二类：3—1—3，2—1—2，1—2—1，3—2—3，2—3—2，1—3—1。

显然，一类是每轴仅旋转一次，二类是某一轴不连续地旋转两次。

飞行器运动方程通常相对于移动的机体坐标系建立，但是飞行器的方向和位置需要在相对固定坐标系中测量，在 $t=0$ 时刻，两坐标系重合。因此通过坐标变换可以得到飞行器在移动坐标系下的受力与在固定坐标系下的位姿关系。

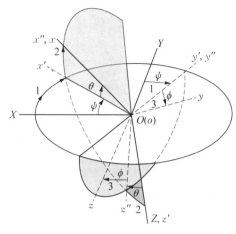

图 2-7　三次坐标变换

2.3.1　位置变换

某一矢量在 $OXYZ$ 直角坐标系的位置表达为 (X, Y, Z)，其在 $oxyz$ 坐标系中位置表示为 (x, y, z)，当两个坐标系原点重合时，则该矢量位置在两个坐标系中的表达转换关系可以通过坐标变换得到，为了简化，本节用 c 代表 $\cos$，s 代表 $\sin$。坐标变换分解为三个步骤（见图 2-8）。

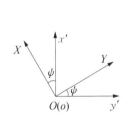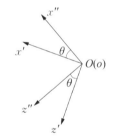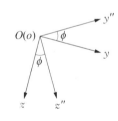

图 2-8　坐标变换步骤

（1）绕 Z 轴旋转 ψ 角，得 x', y', z'：

$$x' = Xc\psi + Ys\psi$$
$$y' = -Xs\psi + Yc\psi$$
$$z' = Z$$

（2）绕 y' 轴旋转 θ 角，得 x'', y'', z''：

$$x'' = x'c\theta - z's\theta$$
$$y'' = y'$$
$$z'' = x's\theta + z'c\theta$$

（3）绕 x'' 轴旋转 ϕ 角，得 x, y, z：

$$x = x''$$
$$y = y''c\phi + z''s\phi$$
$$z = -y''s\phi + z''c\phi$$

将以上过程整理为矩阵形式:

$$
\begin{bmatrix} x' \\ y' \\ z' \end{bmatrix} = \begin{bmatrix} c\psi & s\psi & 0 \\ -s\psi & c\psi & 0 \\ 0 & 0 & 1 \end{bmatrix} \begin{bmatrix} X \\ Y \\ Z \end{bmatrix} = \boldsymbol{T}_3(\psi) \begin{bmatrix} X \\ Y \\ Z \end{bmatrix}
$$

$$
\begin{bmatrix} x'' \\ y'' \\ z'' \end{bmatrix} = \begin{bmatrix} c\theta & 0 & -s\theta \\ 0 & 1 & 0 \\ s\theta & 0 & c\theta \end{bmatrix} \begin{bmatrix} x' \\ y' \\ z' \end{bmatrix} = \boldsymbol{T}_2(\theta) \begin{bmatrix} x' \\ y' \\ z' \end{bmatrix} \tag{2-2}
$$

$$
\begin{bmatrix} x \\ y \\ z \end{bmatrix} = \begin{bmatrix} 1 & 0 & 0 \\ 0 & c\phi & s\phi \\ 0 & -s\phi & c\phi \end{bmatrix} \begin{bmatrix} x'' \\ y'' \\ z'' \end{bmatrix} = \boldsymbol{T}_1(\phi) \begin{bmatrix} x'' \\ y'' \\ z'' \end{bmatrix}
$$

合并关系式有:

$$
\begin{bmatrix} x \\ y \\ z \end{bmatrix} = \boldsymbol{T}_1(\phi)\boldsymbol{T}_2(\theta)\boldsymbol{T}_3(\psi) \begin{bmatrix} X \\ Y \\ Z \end{bmatrix} =
$$

$$
\begin{bmatrix} c\theta c\psi & c\theta s\psi & -s\theta \\ s\phi s\theta c\psi - c\phi s\psi & s\phi s\theta s\psi + c\phi c\psi & s\phi c\theta \\ s\phi s\psi + c\phi s\theta c\psi & c\phi s\theta s\psi - s\phi c\psi & c\phi c\theta \end{bmatrix} \begin{bmatrix} X \\ Y \\ Z \end{bmatrix} = \boldsymbol{R}_{BI} \begin{bmatrix} X \\ Y \\ Z \end{bmatrix} \tag{2-3}
$$

按照这种绕动坐标系的某轴旋转变换顺序得到的姿态角 ϕ、θ、ψ 称为欧拉角,表示机体坐标系 $oxyz$ 在惯性坐标系 $OXYZ$ 中的姿态。$\boldsymbol{R}_{BI}$ 为惯性坐标系到机体坐标系的坐标转换矩阵。由于坐标变换的矢量为互相垂直的正交向量,三次坐标变换中每一次的变换矩阵都是正交矩阵,它的转置等于求逆。三个正交矩阵的乘积也是正交矩阵,有如下关系: $\boldsymbol{R}_{IB}^{-1} = \boldsymbol{R}_{IB}^{T} = \boldsymbol{R}_{BI}$。因此

$$
\boldsymbol{R}_{IB} = \begin{bmatrix} c\psi c\theta & c\psi s\theta s\phi - s\psi c\phi & c\psi s\theta c\phi + s\psi s\phi \\ s\psi c\theta & s\psi s\theta s\phi + c\psi c\phi & s\psi s\theta c\phi - c\psi s\phi \\ -s\theta & c\theta s\phi & c\theta c\phi \end{bmatrix} \tag{2-4}
$$

又称为方向余弦矩阵,有如下性质:

$$
\dot{\boldsymbol{R}}_{IB} = \boldsymbol{R}_{IB}\tilde{\boldsymbol{\omega}}_b = \boldsymbol{R}_{IB}\boldsymbol{\omega}_b \times \tag{2-5}
$$

$$
\dot{\boldsymbol{R}}_{BI} = -\tilde{\boldsymbol{\omega}}_b \boldsymbol{R}_{BI} \tag{2-6}
$$

式中,$\tilde{\boldsymbol{\omega}}_b$ 是 $\boldsymbol{\omega}_b = \begin{bmatrix} p \\ q \\ r \end{bmatrix}$ 的反对称矩阵: $\tilde{\boldsymbol{\omega}}_b = \begin{bmatrix} 0 & -r & q \\ r & 0 & -p \\ -q & p & 0 \end{bmatrix}$,且 $\tilde{\boldsymbol{\omega}}_b = -\tilde{\boldsymbol{\omega}}_b^{T}$。

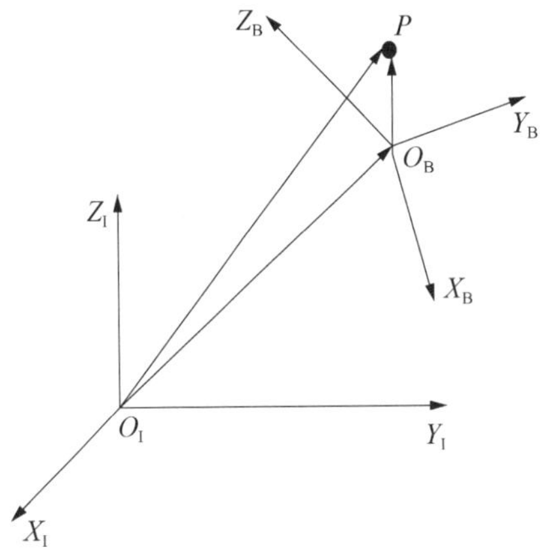

假设飞行器上任一点在惯性坐标系下位置矢量为P_I,在机体坐标系下位置矢量为P_B(见图2-9),当两坐标系重合时,则可以推导如下关系式:

$$\begin{aligned} P_I &= R_{IB}P_B \\ \dot{P}_I &= R_{IB}\dot{P}_B + \dot{R}_{IB}P_B = R_{IB}(V_0 + \\ & \quad \omega \times O_B P) \end{aligned} \qquad (2-7)$$

即

$$V_{P_I} = R_{IB}(V_0 + \omega \times O_B P) = R_{IB}V_{P_B}$$

式中,V_0为机体坐标系原点的速度矢量;$V_{P_B} = V_0 + \omega \times O_B P$为飞行器上任一点在机体坐标系下的速度矢量.对于原点$O_B P = 0$,因此机体坐标系原点的速度与惯性坐标系下速度有如下关系:$V_I = R_{IB}V_0$,由此可见方向余弦矩阵表述了两直角坐标系原点的速度变换关系,两坐标系的位置关系可以通过对速度的积分得到.

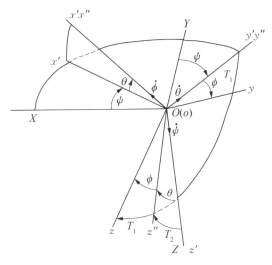

图2-9 两坐标系之间的运动学变换关系

图2-10 角度坐标变换

2.3.2 角速度变换

飞行器的角速度为矢量,其矢量和就是合成角速度$\bar{\Omega}$,可以在任意坐标系内分解成矢量.飞行器在机体坐标系下角速度表示为$[p, q, r]$,欧拉角速度表示为$[\dot{\phi}, \dot{\theta}, \dot{\psi}]$.欧拉角速度$\dot{\phi}$,$\dot{\theta}$和$\dot{\psi}$在一般情况下并不是互相垂直的正交矢量,一般情况下有$\dot{\phi}$与$\dot{\theta}$,$\dot{\psi}$与$\dot{\theta}$互相垂直,但$\dot{\phi}$与$\dot{\psi}$不互相垂直.只有$\theta = 0$时,$\dot{\phi}$与$\dot{\psi}$才互相垂直.但p,q,r却互相正交,故$\bar{\Omega} = \bar{\dot{\theta}} + \bar{\dot{\phi}} + \bar{\dot{\varphi}} = ip + jq + kr$,因此角速度的变换矩阵不是正交的.角速度的坐标变换如图2-10所示,其步骤如下所述.

(1) 绕Z轴旋转$\dot{\psi}$角,得新的坐标轴,并存在如下运动学关系x',y',z':

$$\begin{bmatrix} p_1 \\ q_1 \\ r_1 \end{bmatrix} = \begin{bmatrix} c\psi & s\psi & 0 \\ -s\psi & c\psi & 0 \\ 0 & 0 & 1 \end{bmatrix} \begin{bmatrix} 0 \\ 0 \\ \dot{\psi} \end{bmatrix} \Rightarrow \begin{cases} p_1 = 0 \\ q_1 = 0 \\ r_1 = \dot{\psi} \end{cases} \qquad (2-8)$$

(2) 绕y'轴旋转θ角,得新的坐标轴,并存在如下运动学关系x'',y'',z'':

$$\begin{aligned} p_2 &= p_1 c\theta - r_1 s\theta \\ q_2 &= q_1 + \dot{\theta} \\ r_2 &= p_1 s\theta + r_1 c\theta \end{aligned} \qquad (2-9)$$

写成矩阵形式：

$$\begin{bmatrix} p_2 \\ q_2 \\ r_2 \end{bmatrix} = \begin{bmatrix} c\theta & 0 & -s\theta \\ 0 & 1 & 0 \\ s\theta & 0 & c\theta \end{bmatrix} \begin{bmatrix} p_1 \\ q_1 \\ r_1 \end{bmatrix} + \begin{bmatrix} 0 \\ \dot{\theta} \\ 0 \end{bmatrix} = \boldsymbol{T}(\theta) \begin{bmatrix} 0 \\ 0 \\ \dot{\psi} \end{bmatrix} + \begin{bmatrix} 0 \\ \dot{\theta} \\ 0 \end{bmatrix} \tag{2-10}$$

（3）绕 x'' 轴旋转 $\dot{\phi}$ 角，得新的坐标轴，并存在如下运动学关系 x, y, z：

$$\begin{aligned} p &= p_2 + \dot{\phi} \\ q &= q_2 c\phi + r_2 s\phi \\ r &= r_2 c\phi - q_2 s\phi \end{aligned} \tag{2-11}$$

写成矩阵形式：

$$\begin{aligned} \begin{bmatrix} p \\ q \\ r \end{bmatrix} &= \boldsymbol{T}(\phi) \begin{bmatrix} p_2 \\ q_2 \\ r_2 \end{bmatrix} + \begin{bmatrix} \dot{\phi} \\ 0 \\ 0 \end{bmatrix} \\ &= \boldsymbol{T}(\phi)\boldsymbol{T}(\theta) \begin{bmatrix} 0 \\ 0 \\ \dot{\psi} \end{bmatrix} + \boldsymbol{T}(\phi) \begin{bmatrix} 0 \\ \dot{\theta} \\ 0 \end{bmatrix} + \begin{bmatrix} \dot{\phi} \\ 0 \\ 0 \end{bmatrix} \end{aligned} \tag{2-12}$$

因此有

$$\begin{bmatrix} p \\ q \\ r \end{bmatrix} = \begin{bmatrix} 1 & 0 & -\sin\theta \\ 0 & \cos\phi & \cos\theta\sin\phi \\ 0 & -\sin\phi & \cos\theta\cos\phi \end{bmatrix} \begin{bmatrix} \dot{\phi} \\ \dot{\theta} \\ \dot{\psi} \end{bmatrix} \tag{2-13}$$

和

$$\begin{bmatrix} \dot{\phi} \\ \dot{\theta} \\ \dot{\psi} \end{bmatrix} = \begin{bmatrix} 1 & \sin\phi\tan\theta & \cos\phi\tan\theta \\ 0 & \cos\phi & -\sin\phi \\ 0 & \sin\phi\sec\theta & \cos\phi\sec\theta \end{bmatrix} \begin{bmatrix} p \\ q \\ r \end{bmatrix} = \boldsymbol{\Lambda} \begin{bmatrix} p \\ q \\ r \end{bmatrix} \tag{2-14}$$

这里当 $\theta = \pm\pi/2$ 时，该矩阵奇异，求不出 ϕ 和 ψ。

2.3.3　常用坐标系变换

飞行器各坐标系之间存在几何关联，图 2-11 给出了各坐标系之间角度表达关系，各坐标系变换之间存在如下特点：

（1）如果两个坐标轴的同一方向坐标轴定义在一个平面内，则两个角度就可以确定变换关系，第一个角度使在一个平面内的两轴互相平行，第二个角度为共同垂直平面内两坐标系的夹角；如果两个坐标系有

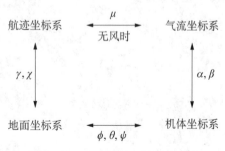

图 2-11　各坐标系之间角度表达

一个轴重合,则一个角度就可以确定两坐标系之间的变换关系,该角度为共同垂直平面内两坐标系的夹角。

(2)气流坐标系的 $o_a z_a$ 和机体坐标系的 $o_b z_b$ 都定义在对称平面内,所以 α 和 β 两个角度决定气流坐标系和机体坐标系的坐标变换。

(3)航迹坐标系的 $o_k z_k$ 和地面坐标系的 $o_g z_g$ 都定义在铅垂平面内,因此 γ 和 χ 两个角度决定航迹坐标系和地面坐标系的坐标变换。

(4)无风时,航迹坐标系 $o_k x_k$ 和气流坐标系的 $o_a x_a$ 重合,所以一个角度 μ 决定航迹坐标系和气流坐标系的坐标变换。

2.3.3.1　航迹坐标和气流坐标变换

无风时,绕 X_k 转 μ,两坐标系重合:

$$\boldsymbol{R}_{AK} = \begin{bmatrix} 1 & 0 & 0 \\ 0 & \cos\mu & \sin\mu \\ 0 & -\sin\mu & \cos\mu \end{bmatrix} \tag{2-15}$$

2.3.3.2　航迹坐标和地面坐标变换

(1)绕 Z 转 χ 使 X' 和 X_k 共面,Y' 和 Y_k 重合。

(2)绕 $Y'(Y_k)$ 转 γ 使 X' 和 X_k 重合。

$$\boldsymbol{R}_{KI} = \boldsymbol{T}_2(\gamma)\boldsymbol{T}_3(\chi) = \begin{bmatrix} c\gamma & 0 & -s\gamma \\ 0 & 1 & 0 \\ s\gamma & 0 & c\gamma \end{bmatrix} \begin{bmatrix} c\chi & s\chi & 0 \\ -s\chi & c\chi & 0 \\ 0 & 0 & 1 \end{bmatrix} = \begin{bmatrix} c\gamma c\chi & c\gamma s\chi & -s\gamma \\ -s\chi & c\chi & 0 \\ s\gamma c\chi & s\gamma s\chi & c\gamma \end{bmatrix} \tag{2-16}$$

2.3.3.3　气流坐标和机体坐标变换

(1)绕 Y_b 转 $-\alpha$ 使 X'_b 和 X_a 共面,使 Z'_b 和 Z_a 重合。

(2)绕 $Z'_b(Z_a)$ 转 β 使 X'_b 和 X_a 重合。

$$\boldsymbol{R}_{AB} = \boldsymbol{T}_3(\beta)\boldsymbol{T}_2(-\alpha) = \begin{bmatrix} c\beta & s\beta & 0 \\ -s\beta & c\beta & 0 \\ 0 & 0 & 1 \end{bmatrix} \begin{bmatrix} c\alpha & 0 & s\alpha \\ 0 & 1 & 0 \\ -s\alpha & 0 & c\alpha \end{bmatrix} = \begin{bmatrix} c\alpha c\beta & s\beta & s\alpha c\beta \\ -c\alpha s\beta & c\beta & -s\alpha s\beta \\ -s\alpha & 0 & c\alpha \end{bmatrix} \tag{2-17}$$

2.4　飞行器的运动学方程

运动学方程是指机体坐标系和地面坐标系之间运动的几何关系。角速度关系已在上节直接给出,这里给出线速度之间的关系。飞行器在不同坐标系下的速度分量分别为

$$\boldsymbol{V}_I = \begin{bmatrix} \dot{x}_g \\ \dot{y}_g \\ \dot{z}_g \end{bmatrix},\ \boldsymbol{V}_B = \begin{bmatrix} u \\ v \\ w \end{bmatrix},\ \boldsymbol{V}_K = \begin{bmatrix} V_g \\ 0 \\ 0 \end{bmatrix},\ \boldsymbol{V}_A = \begin{bmatrix} V_a \\ 0 \\ 0 \end{bmatrix},\ \dot{\boldsymbol{\Theta}} = \begin{bmatrix} \dot{\phi} \\ \dot{\theta} \\ \dot{\psi} \end{bmatrix},\ \boldsymbol{\omega}_b = \begin{bmatrix} p \\ q \\ r \end{bmatrix}$$

通过坐标变换可以得到飞行器的运动学方程:

$$V_{\mathrm{I}} = R_{\mathrm{IB}} V_{\mathrm{B}}$$
$$V_{\mathrm{I}} = R_{\mathrm{IA}} V_{\mathrm{A}}$$
$$V_{\mathrm{I}} = R_{\mathrm{IK}} V_{\mathrm{K}} \tag{2-18}$$
$$\dot{\boldsymbol{\Theta}} = \boldsymbol{\Lambda} \boldsymbol{\omega}_{\mathrm{b}}$$

注意不同坐标变换矩阵的关系为

$$R_{\mathrm{AI}} = R_{\mathrm{AK}} R_{\mathrm{KI}} \text{ 和 } R_{\mathrm{AI}} = R_{\mathrm{AB}} R_{\mathrm{BI}}$$

并可以推导出气流角和飞行速度的关系为

$$\tan \alpha = \frac{w}{u}, \ \sin \beta = \frac{v}{V} \tag{2-19}$$

$$V = (u^2 + v^2 + w^2)^{1/2} \tag{2-20}$$

2.5　姿态的四元数表达

为了飞行仿真计算中防止产生奇异和少用三角函数,采用四元数代替三角函数,两个坐标之间的变换可以看做是绕任意轴 OR(该转轴在空间坐标中方位角为 A、B、C)转动 D 角度实现。则定义 4 个参数:

$$e_0 = \cos \frac{D}{2}$$

$$e_1 = \cos A \sin \frac{D}{2}$$

$$e_2 = \cos B \sin \frac{D}{2}$$

$$e_3 = \cos C \sin \frac{D}{2}$$

四元数是包含这四个变量的超复数,其一般形式为

$$Q = e_0 + e_1 \mathrm{i} + e_2 \mathrm{j} + e_3 \mathrm{k} \tag{2-21}$$

式中,i, j, k 为虚单位,服从如下运算法则:

$$\mathrm{ij} = -\mathrm{ji} = \mathrm{k}, \ \mathrm{jk} = -\mathrm{kj} = \mathrm{i}, \ \mathrm{ki} = -\mathrm{ik} = \mathrm{j}$$
$$\mathrm{ii} = \mathrm{jj} = \mathrm{kk} = -1 \tag{2-22}$$

该四元数能够表征两个坐标系之间的关系,联立方程有约束 $e_0^2 + e_1^2 + e_2^2 + e_3^2 = 1$ 存在,因此表达式只有三个独立变量,四元数的共轭复数为 $\bar{Q} = e_0 - e_1 \mathrm{i} - e_2 \mathrm{j} - e_3 \mathrm{k}$。设在定坐标系中有一个不发生旋转的矢量 $\boldsymbol{R} = X\mathrm{i} + Y\mathrm{j} + Z\mathrm{k}$,定坐标系绕 OR 旋转 D 后得到一个新的坐标系。矢量 $\boldsymbol{R}$ 在新的坐标系的投影为 $\boldsymbol{R}' = x\mathrm{i} + y\mathrm{j} + z\mathrm{k}$。用四元数进行坐标变换的公式等价于如下等式:

$$\boldsymbol{R'} = \tilde{\boldsymbol{Q}}\boldsymbol{R}\boldsymbol{Q} \tag{2-23}$$

即

$$x_i + y_j + z_k = (e_0 - e_1 i - e_2 j - e_3 k)(X_i + Y_j + Z_k)(e_0 + e_1 i + e_2 j + e_3 k)$$

用矩阵形式可表示为

$$
\begin{bmatrix} x \\ y \\ z \end{bmatrix} =
\begin{bmatrix}
e_0^2 + e_1^2 - e_2^2 - e_3^2 & 2(e_1 e_2 + e_0 e_3) & 2(e_1 e_3 - e_0 e_2) \\
2(e_1 e_2 - e_0 e_3) & e_0^2 - e_1^2 + e_2^2 - e_3^2 & 2(e_2 e_3 + e_0 e_1) \\
2(e_0 e_2 + e_1 e_3) & 2(e_2 e_3 - e_0 e_1) & e_0^2 - e_1^2 - e_2^2 + e_3^2
\end{bmatrix}
\begin{bmatrix} X \\ Y \\ Z \end{bmatrix} \tag{2-24}
$$

可见 $\boldsymbol{Q}$ 反映旋转后的坐标系相对于原定坐标系的姿态。同时也相当于旋转后的坐标系绕 OR 轴旋转负 D 角度,与原定坐标系重合。因此有 $\boldsymbol{R} = \boldsymbol{Q}\boldsymbol{R'}\tilde{\boldsymbol{Q}}$。

用四元数表示的方向余弦矩阵为

$$
\boldsymbol{R}_{IB} =
\begin{bmatrix}
e_0^2 + e_1^2 - e_2^2 - e_3^2 & 2(e_1 e_2 - e_0 e_3) & 2(e_0 e_2 + e_1 e_3) \\
2(e_1 e_2 + e_0 e_3) & e_0^2 - e_1^2 + e_2^2 - e_3^2 & 2(e_2 e_3 - e_0 e_1) \\
2(e_1 e_3 - e_0 e_2) & 2(e_2 e_3 + e_0 e_1) & e_0^2 - e_1^2 - e_2^2 + e_3^2
\end{bmatrix} \tag{2-25}
$$

该矩阵与用欧拉角表示的方向余弦矩阵式(2-4)对应项相等,可以得到欧拉角与四元数分量的关系。由 $-\sin\theta = 2(e_1 e_3 - e_0 e_2)$、$\cos\theta\sin\phi = 2(e_2 e_3 + e_0 e_1)$ 和 $\cos\theta\cos\phi = e_0^2 - e_1^2 - e_2^2 + e_3^2$,可得

$$\cos\phi = \frac{e_0^2 - e_1^2 - e_2^2 + e_3^2}{\cos\theta} = \frac{e_0^2 - e_1^2 - e_2^2 + e_3^2}{\sqrt{1 - \sin^2\theta}} \tag{2-26}$$

$$\phi = \cos^{-1}\left[\frac{e_0^2 - e_1^2 - e_2^2 + e_3^2}{\sqrt{1 - 4(e_1 e_3 - e_0 e_2)^2}}\right]\mathrm{sgn}[2(e_2 e_3 + e_0 e_1)]$$

或 $\phi = a\tan 2[2(e_2 e_3 + e_0 e_1), 1 - 2(e_1^2 + e_2^2)]$。

由 $\cos\psi\cos\theta = e_0^2 + e_1^2 - e_2^2 - e_3^2$ 和 $\sin\psi\cos\theta = 2(e_1 e_2 + e_0 e_3)$,可得

$$\cos\psi = \frac{e_0^2 + e_1^2 - e_2^2 - e_3^2}{\cos\theta} = \frac{e_0^2 + e_1^2 - e_2^2 - e_3^2}{\sqrt{1 - \sin^2\theta}} \tag{2-27}$$

$$\psi = \cos^{-1}\left[\frac{e_0^2 + e_1^2 - e_2^2 - e_3^2}{\sqrt{1 - 4(e_1 e_3 - e_0 e_2)^2}}\right]\mathrm{sgn}[2(e_1 e_2 + e_0 e_3)]$$

或 $\psi = a\tan 2 = a\tan 2[2(e_1 e_2 + e_0 e_3), 1 - 2(e_2^2 + e_3^2)]$。

可见用四元数描述的欧拉角,当 $\theta = \pm\pi/2$ 时,不会出现奇异情况。四元数也有一定的缺点,首先其物理意义没有欧拉角容易理解,其次不能和飞行器的仪表数据有直接联系。由坐标变换的步骤,可以得到三次旋转对应的四元数分别为 $\boldsymbol{Q}_1 = \left\{\cos\left(\frac{\psi}{2}\right), 0, 0, \sin\left(\frac{\psi}{2}\right)\right\}$,$\boldsymbol{Q}_2 = \left\{\cos\left(\frac{\theta}{2}\right), 0, \sin\left(\frac{\theta}{2}\right), 0\right\}$,$\boldsymbol{Q}_3 = \left\{\cos\left(\frac{\phi}{2}\right), \sin\left(\frac{\phi}{2}\right), 0, 0\right\}$,于是由地面坐标轴变换到机体

坐标系的四元数为 $\boldsymbol{Q} = \boldsymbol{Q}_1\boldsymbol{Q}_2\boldsymbol{Q}_3$，展开后得到 $\boldsymbol{Q}$ 的各个分量为

$$
\begin{aligned}
e_0 &= \cos\frac{\psi}{2}\cos\frac{\theta}{2}\cos\frac{\phi}{2} + \sin\frac{\psi}{2}\sin\frac{\theta}{2}\sin\frac{\phi}{2} \\
e_1 &= \cos\frac{\psi}{2}\cos\frac{\theta}{2}\sin\frac{\phi}{2} - \sin\frac{\psi}{2}\sin\frac{\theta}{2}\cos\frac{\phi}{2} \\
e_2 &= \cos\frac{\psi}{2}\sin\frac{\theta}{2}\cos\frac{\phi}{2} + \sin\frac{\psi}{2}\cos\frac{\theta}{2}\sin\frac{\phi}{2} \\
e_3 &= -\cos\frac{\psi}{2}\sin\frac{\theta}{2}\sin\frac{\phi}{2} + \sin\frac{\psi}{2}\cos\frac{\theta}{2}\cos\frac{\phi}{2}
\end{aligned}
\tag{2-28}
$$

四元数表示的运动学方程可由对上式求微分得到：

$$
\begin{bmatrix} \dot{e}_0 \\ \dot{e}_1 \\ \dot{e}_2 \\ \dot{e}_3 \end{bmatrix} = \frac{1}{2}\begin{bmatrix} 0 & -p & -q & -r \\ p & 0 & r & -q \\ q & -r & 0 & p \\ r & q & -p & 0 \end{bmatrix}\begin{bmatrix} e_0 \\ e_1 \\ e_2 \\ e_3 \end{bmatrix}
\tag{2-29}
$$

实际飞行仿真中，通过求解该运动学方程得到飞行器的四元数变量 e_0、e_1、e_2 和 e_3，进而求出用四元数表示的欧拉角。

3 飞行器的飞行性能

飞行性能是指飞行器最基本的一些定常或非定常的运动性能。定常运动指运动参数不随时间而变化的运动，又称稳态飞行，如平飞和续航。当运动参数变化缓慢时，则称之为准定常运动。非定常运动指运动参数随时间而变化的运动，如上升、下滑和起落等。研究飞行性能时，常将飞行器的运动归结为飞行器质心的运动，着重研究外力与质心的运动关系，默认绕飞行器质心的力矩是平衡的。

飞行性能常用求解方法：

(1) 近似解析法：假设飞行运动为匀加速或匀减速运动。

(2) 数值计算法：通过对运动变量的时间积分求解性能。

(3) 图解法：通过图解积分法，获得有物理意义的变量性能。

(4) 数值仿真方法：基于非线性方程，进行全状态的数值仿真模拟。

3.1 稳态飞行性能

飞行速度是飞行器的重要指标，飞行器一般都有高速飞行的要求，在飞行速度增大到阻力与最大可用推力相等时，就达到了飞行器最大平飞速度。由于阻力和推力都随着高度的变化而变化，飞行器最大平飞速度在不同高度上也不相同。

飞行器起飞降落性能的好坏，极大地取决于能够在较小的平飞速度下稳定飞行的能力。飞机的最小平飞速度是由升力与重力平衡条件决定的，如果平飞速度减小，必须增大机翼的迎角以增大升力系数，才能保持升力不变。当飞行器速度减小到机翼已经到达它的临界迎角，进一步增加迎角已经不再能提高升力系数时，飞行器就在最小平飞速度下飞行了。对于大气静力飞行器，由于浮力与重力平衡，其最小飞行速度可以为零，因此可以实现垂直起降。

3.1.1 稳态平飞

稳态平飞是指飞行器飞行过程中的飞行速度和飞行高度保持不变。飞行器稳态平飞时所受外力有推力 T、重力 G、升力 L 和阻力 D（见图 3 - 1），平衡关系式为

$$T - D = 0$$
$$L - G = 0$$

(3 - 1)

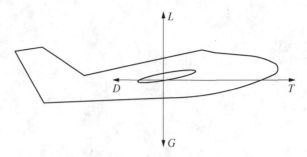

图 3-1　飞行器稳态平飞受力

飞机的最小平飞速度（失速速度）由重力和升力平衡时产生：

$$V_{\min} = \sqrt{\dfrac{2mg}{\rho S C_{L\max}}} \qquad (3-2)$$

最大平飞速度由推力和阻力平衡时产生：

$$V_{\max} = \sqrt{\dfrac{2T_{\max}}{\rho S C_{D\min}}} \qquad (3-3)$$

最小阻力速度是阻力最小的速度取值：

$$D = \frac{1}{2}\rho V^2 S(C_{D0} + kC_L^2) = \frac{1}{2}\rho V^2 S\left[C_{D0} + k\left(\dfrac{mg}{\dfrac{1}{2}\rho V^2 S}\right)^2\right] \qquad (3-4)$$

$$V_{\min D} = \sqrt{\dfrac{2mg}{\rho S}}\left(\dfrac{k}{C_{D0}}\right)^{1/4} \qquad (3-5)$$

最小功率速度是功率最小的速度取值：

$$P = \frac{1}{2}\rho V^3 S(C_{D0} + kC_L^2) = \frac{1}{2}\rho V^3 S\left[C_{D0} + k\left(\dfrac{mg}{\dfrac{1}{2}\rho V^2 S}\right)^2\right] \qquad (3-6)$$

$$V_{\min P} = \sqrt{\dfrac{2mg}{\rho S}}\left(\dfrac{k}{3C_{D0}}\right)^{1/4} \qquad (3-7)$$

并可以推导出稳态平飞时，最小阻力速度和最小功率速度的关系为

$$V_{\min P} = 0.76 V_{\min D} \qquad (3-8)$$

　　图 3-2 给出了最大平飞速度随可用推力和高度的变化关系。最大平飞速度可由对应各高度上的可用推力曲线和平飞需用推力曲线在右方的交点来确定，此时满足平飞条件可用推力和所需推力平衡，即 $T_a = T_R$，在交点右方，飞行器不能等速平飞，在交点左方可以平飞但速度不是最大。

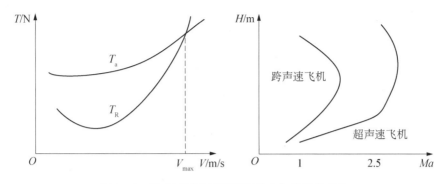

图 3-2　最大平飞速度随可用推力和高度的变化

3.1.2　稳态滑行

稳态滑行是指飞行器不受推力作用,仅依靠重力和空气动力作用的匀速下滑的运动状态。飞行器滑行过程中的受力如图 3-3 所示,飞行器不受推力作用的稳态滑行受力平衡关系式为

$$L - mg\cos\gamma = 0$$
$$D + mg\sin\gamma = 0$$

(3-9)

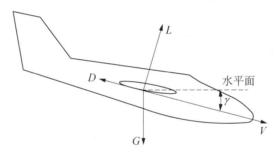

图 3-3　飞行器滑行受力

飞行器滑行时是依靠重力的分量克服阻力前进,由于高度的损失而维持一定飞行速度。这里 γ 为滑行角,有

$$|\tan\gamma| = \frac{D}{L} = \frac{C_D}{C_L}$$

(3-10)

当 C_D/C_L 最小时,可以获得最小滑行角,而高的升阻比 L/D,也可以获得小的滑行角。

对于给定的飞行器,可由升阻比计算出滑行角,任取一个方程计算滑行的速度大小。当然升阻比是变化的值,因此滑行角和飞行速度是一组解。

假设滑行过程中,飞行器重量不变,则有

$$\sin\gamma = \frac{D}{mg}$$

(3-11)

$$\gamma_{min} \rightarrow D_{min}$$

$$\dot{h} = V\sin\gamma = V\frac{D}{mg} \qquad (3-12)$$

$$\dot{h}_{\min} \rightarrow (VD)_{\min} \rightarrow P_{\min}$$

因此以最小阻力下滑时(有利速度),下滑角最小,但下滑速度较大,所以下降率并不是最小的。要获得最小的下降率,应保持功率为最小的平飞速度下滑(经济速度)。因为用此速度下滑时,下滑速度和下滑角都比较小,可以获得最长下滑时间。平飞所需功率曲线最低点对应的速度便是经济速度。

在 γ 很小时,有

$$L = mg \qquad (3-13)$$
$$D + mg\gamma = 0$$

可以推导出滑行高度 H 和滑行距离 R 的关系

$$R = \frac{H}{\tan\gamma} \qquad (3-14)$$

可见在高度给定时,最大滑行距离对应最小滑行角,为最大升阻比时取的速度;最大滑行时间对应最小下降速度,该速度为最小功率速度。

3.1.3 稳态爬升

稳态爬升是指飞行器的推力克服阻力和重力,实现匀速爬升的运动状态。飞行器爬升过程中的受力如图 3-4 所示,飞行器在推力作用下稳态爬升,受力平衡关系式为

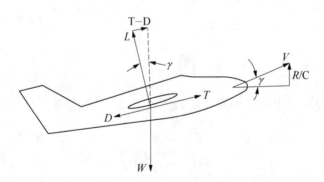

图 3-4 飞行器爬升受力

$$L - mg\cos\gamma = 0 \qquad (3-15)$$
$$T - D - mg\sin\gamma = 0$$

推导出如下关系式,这里 R/C 为爬升率:

$$\tan\gamma = \frac{T-D}{L} \qquad (3-16)$$

$$R/C = V\sin\gamma = V\gamma = \frac{T-D}{L}V \qquad (3-17)$$

可以得到如下结论:

(1) 如果 $T=0$, γ 为负值。

(2) 爬升率 R/C 是飞行器向上爬升时飞行速度在垂直方向上的分速度,R/C 由保持平飞后额外的功实现,又称为单位重量的剩余功率 SEP。

(3) 当 γ 很小时,不考虑重量变化时,最大爬升角 γ_{max} 对应 ΔT_{max},最大爬升速率 $R/C\mid_{max}$ 对应 ΔP_{max}。

(4) 在给定爬升角情况下,如果飞行器的最大推力刚好与飞行器阻力加上飞行器重力在飞行方向上的分力之和相等的话,飞行器就获得最大爬升率。

(5) 在空战中,为了迅速取得高度优势,需要尽快地爬升。爬升性能好的就能赢得时间,争取主动。爬升性能主要是指爬升率和爬升高度。

图 3-5 给出发动机推力与飞行马赫数和飞行高度变化的示意,图中 T_a 表示可用推力,T_R 表示所需推力。随着高度的增加,飞行器的可用推力和所需推力都减小,随着飞行速度的增加,当飞行器的可用推力和所需推力相等时,飞行器达到最大飞行速度。

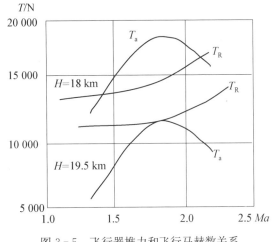

图 3-5　飞行器推力和飞行马赫数关系

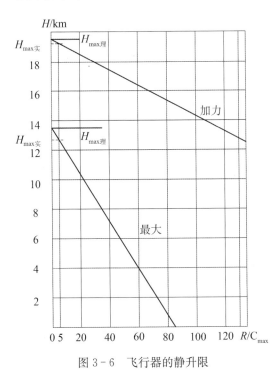

图 3-6　飞行器的静升限

飞行器的爬升是受到高度限制的。因为高度越大,发动机的推力就越小。推力小了就不能保持原来的爬升角爬升,只能减小爬升角使重力在飞行方向上的分力也减小来维持飞行器的稳定飞行速度。

当飞行器达到某一高度时,发动机推力只能克服平飞阻力,飞行器就不再能爬升了。这个无法再进行爬升的高度就叫静升限,但这只是理论上的升限,称为理论升限 H_{max}。通常试飞中得到的飞行器升限 H 常常是尚有一定爬升率时的飞行高度,这种升限称为实用升限(见图 3-6)。

3.1.4　平飞包线

平飞包线是指在 H-Ma 平面上,定常平飞的 Ma_{max}-H 与 Ma_{min}-H 线所勾划出的封闭曲线,在包线内飞行器可定直平飞、等速爬升和加减速飞行,在包线上可定直平飞。

允许飞行包线为考虑实际使用限制后得到的飞行包线。升限 $H_{\mathrm{max,H}}$ 是指随 H 的增加包线的速度范围收缩,直至某高度收缩为一点,此即为 $H_{\mathrm{max,H}}$。飞行器的包线受如下条件限制(见图 3-7):

(1) 动压限制:满足结构强度的需要。

(2) Ma 数限制:满足飞行器操纵性、稳定性、发动机及热强度方面的需要。

在飞行速度相同情况下,低空的空气密度大,动压比高空大,因此低空时受动压限制,高空时受最大 Ma 数限制。

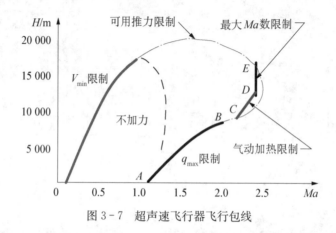

图 3-7 超声速飞行器飞行包线

通过稳态飞行性能分析,在飞行器的升力系数和阻力系数关系的曲线上可以得到这样的特征迎角点和速度点(见图 3-8)。当升力系数为 $C_L = 0$ 时,有零升阻力系数 C_{D0},通常该系数比最小阻力系数大一些,该曲线从 A 点到 D 点,速度逐渐减小,迎角逐渐增加,迎角点 A 具有最小阻力系数,在升阻比最大的迎角 B 处有最小阻力速度和最大滑行距离,在升力系数取最大时有最小平飞速度和最大迎角点 D,最小下降速度对应最大下降时间是采用功率最小速度下滑,该点处于 B 和 D 之间,因为有 $V_{\mathrm{minP}} = 0.76V_{\mathrm{minD}}$。该曲线的阻力系数方程为 $C_D = C_{D_{\min D}} + K(C_L - C_{L_{\min D}})^2$。

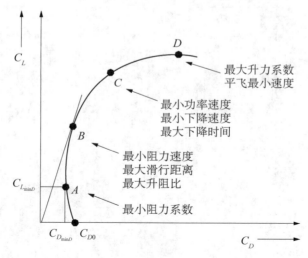

图 3-8 飞行器稳态飞行性能与升阻比关系

3.2　续航性能

续航性能主要指飞机持续飞行的远度和久度,评价指标为航程、航时和活动半径。飞行器起飞爬升到平飞高度,平飞和高度下降所获得的前进距离之和称为航程。一般所说的航程是指平飞航程。对军用飞行器来说,真正的战术性能并非是航程,常常是活动半径。活动半径是按照飞行器出航—执行战斗任务—返航的方式所得到的离起飞点最远的距离,活动半径比航程要小得多。例如苏联米格 23 - C 飞行器的航程为 2 900 km,但它的活动半径只有 1 200 km 左右。航时就是飞行器的留空时间,它说明飞行器执行空中巡逻的持续能力。

3.2.1　航程和航时

图 3 - 9 给出了飞行器飞行各阶段的示意。飞行器的航程取决于机上所带的燃油和发动机的耗油率。飞行器上带足够多的燃油,在发动机消耗油最省的情况下飞行所得的航程,就是最大航程。

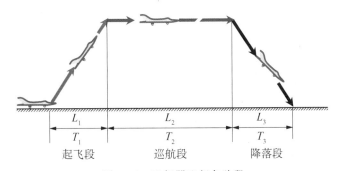

图 3 - 9　飞行器飞行各阶段

小时耗油量:飞行器飞行 1 h 发动机所消耗燃油质量(kg/h):

$$q_{\mathrm{h}} = q_{\mathrm{kh}} i T_i \tag{3-18}$$

式中,q_{kh} 为单台发动机的耗油率,单位 kg/N/h;i 为安装发动机的台数;T_i 为单台发动机所产生的推力大小。

公里耗油量:飞行器相对于地面飞行 1 km 所消耗燃油质量(kg/km):

$$q_{\mathrm{km}} = \frac{q_{\mathrm{h}}}{V_{\mathrm{g}}} = \frac{q_{\mathrm{k}} i_{\mathrm{h}} T}{V_{\mathrm{g}}} \tag{3-19}$$

式中 V_{g} 为地速。

最大续航时间也是在最大燃油量和最小耗油率下取得的。但这时的耗油率是单位飞行时间内所消耗的燃油,不是计算航程时的单位飞行距离内所消耗的燃油。不考虑风的影响,并假设飞机质量变化 $\mathrm{d}m$ 只源于耗油,则在 $\mathrm{d}T$ 时间内,巡航段航程和航时的基本公式为

$$\mathrm{d}t = -\frac{\mathrm{d}m}{q_{\mathrm{h}}} = -\frac{\mathrm{d}G}{g q_{\mathrm{h}}} \tag{3-20}$$

$$dL = Vdt = -\frac{VdG}{gq_h} = -\frac{dG}{gq_{km}} \tag{3-21}$$

$$t_{cruise} = \int_{t_1}^{t_2} dt = \int_{G_2}^{G_1} \frac{dG}{gq_h} \tag{3-22}$$

$$L_{cruise} = \int_{L_1}^{L_2} dL = \int_{G_2}^{G_1} \frac{dG}{gq_{km}}$$

为了确定 q_h、q_{km}，采用准定常假设，即巡航时忽略飞行器的重量改变，飞行高度和速度保持不变：

$$T = \eta i T_i \tag{3-23}$$
$$T = G/K$$

则有

$$q_h = q_{kh} i T_i = \frac{q_{kh}G}{\eta K} = q_h(V,\ H,\ n,\ G;构形) \tag{3-24}$$

$$q_{km} = \frac{q_h}{V_g} = \frac{q_{kh}G}{\eta K V_g} = q_h(V,\ H,\ n,\ G;构形) \tag{3-25}$$

因此有

$$t_{cruise} = \int_{G_2}^{G_1} \frac{\eta K}{gq_{kh}G} dG \rightarrow max \quad G/K = T \rightarrow min \tag{3-26}$$

$$L_{cruise} = V_g t_{cruise} \rightarrow max \quad G/(KV_g) = T/V_g \rightarrow min \tag{3-27}$$

久航速度：飞行时间最久的飞行速度 V_{maxE}，是最小阻力速度 V_{minD}。

远航速度：平飞距离最远的飞行速度 V_{maxR}，是推力-速度曲线的最小斜率点的速度。

在飞行器的推力-速度和功率-速度曲线上，可以找到如下特征点：失速速度 V_s、最小阻力速度 V_{minD}（最大航时速度 V_{maxE}）、最小功率速度 V_{minP} 和最大航程速度 V_{minR}（见图 3-10）。

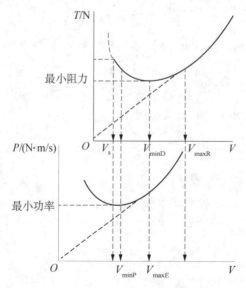

图 3-10 飞行器巡航飞行性能与特征速度点

3.2.2 最佳巡航

巡航中速度、高度不变限制了续航性能的最优化,实际飞行中应考虑飞行器重量的不断变化,得到最佳巡航性能。这里结合涡喷发动机特点,通常对应于 11 km 以上的高度,即在同温层,讨论最佳续航规律。此时 ($11\,\text{km} \leqslant H \leqslant 20\,\text{km}$) 有如下假设:声速 $a_H = a_{11}$,发动机效率 $\eta_H = \eta_{11}$,发动机的耗油率 $q_{\text{kh.}H} = q_{\text{kh.}11}$ 和可用推力 $T_{\text{a.}H} = T_{a.11}\,\rho_H/\rho_{11}$。

假设定直平飞,有 $T - D = 0$ 和 $L - G = 0$,则有

$$C_D = \frac{T}{\frac{1}{2}\rho V^2 S} = \frac{2i\eta T_i}{\rho a^2 Ma^2 S} \stackrel{\Delta}{=} f(Ma,\ n) \tag{3-28}$$

$$\rho_H = \frac{2G}{C_L a^2 Ma^2 S} \stackrel{\Delta}{=} g(Ma,\ n)G \tag{3-29}$$

式中,n 为发动机的转速,由上式可以看出,一旦初始定直平飞,且保持 Ma 和 n 不变,巡航中无论 G,H 如何变化,勿需调整 C_D(通过 α)均能自动保持切向力平衡,这时 C_L 也不变。随燃油消耗,ρ_H 下降,飞行器缓慢上升。

某一重量 G 下,有

$$q_{\text{h}} = \frac{q_{\text{kh}}G}{\eta K} = \frac{q_{\text{kh.}11}(n,\ Ma)}{\eta_{11}(n,\ Ma)K(n,\ Ma)}G \stackrel{\Delta}{=} \widetilde{q}_{\text{h}}(n,\ Ma)G \tag{3-30}$$

$$q_{\text{km}} = \frac{q_{\text{h}}}{a_{11}Ma} = \frac{\widetilde{q}_{\text{h}}(n,\ Ma)}{a_{11}Ma}G \stackrel{\Delta}{=} \widetilde{q}_{\text{km}}(n,\ Ma)G \tag{3-31}$$

故最佳巡航问题演变为寻求适当的 $(Ma,\ n)$ 组合,使 $\widetilde{q}_{\text{h}}(n,\ Ma)$ 趋于最小(久航问题),$\widetilde{q}_{\text{km}}(n,\ Ma)$ 趋于最小(远航问题)。

给定 Ma 和 n 情况下巡航时间和距离表达式为

$$T_{\text{cruise}} = \frac{\eta_{11}K}{gq_{\text{kh.}11}}\ln\frac{G_1}{G_2} \tag{3-32}$$

$$L_{\text{cruise}} = \frac{a_{11}Ma\,\eta_{11}K}{gq_{\text{kh.}11}}\ln\frac{G_1}{G_2} \tag{3-33}$$

从上式可以看出增加航程和航时有如下途径:

(1)增加可用燃油。

① 设计合理的内部储油空间;

② 增加副油箱(带来不利因素:增加重力和迎面阻力);

③ 空中加油。

(2)提高气动效率,使 K 上升。

(3)根据任务需要,选用合适的发动机,使推力要求匹配,且耗油率尽量小。

(4)设计最佳航路方案,包括考虑非标准使用条件的影响,如风的影响。

航时问题取决于空速,与地速无关,航程问题与地速相关,即 $q_{\text{km}} = \dfrac{q_{\text{h}}}{V_{\text{g}}} = \dfrac{q_{\text{h}}}{V_{\text{a}} \pm V_{\text{w}}}$(顺风为

"+"），故顺风时可增加航程，逆风时应减轻飞行器结构重量。

3.3 机动飞行性能

　　飞行器的机动性是指飞行器改变速度、高度以及方向的能力。通常分为铅垂面和水平面的机动性能，以及空间的机动性能（见图3-11）。

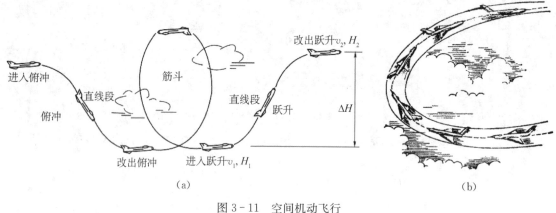

图3-11　空间机动飞行
(a) 铅垂面内机动飞行　(b) 战斗转弯

3.3.1　过载

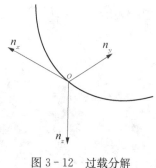

图3-12　过载分解

　　作用在飞行器上的气动力和发动推力的合力与飞行器重量之比，称为飞行器的过载 $n = n_x \boldsymbol{i} + n_y \boldsymbol{j} + n_z \boldsymbol{k}$。过载可以投影到航迹坐标系上，分解为纵向过载 n_x（沿飞行速度矢量方向）、侧向过载 n_y（水平面内垂直于速度矢量方向）和垂向过载 n_z（铅垂面内垂直于速度矢量方向）（见图3-12）。

　　沿着飞行速度方向又称为切向过载 $n_t = n_x$，垂直于飞行速度矢量，称为法向过载 $n_f = \sqrt{n_z^2 + n_y^2}$，这里纵向过载主要体现在飞行器的纵轴方向，是由于飞行器的加减速引起的 $n_t = n_x = \dfrac{T-D}{G}$。

侧向过载主要是由转弯引起的，法向过载对飞行员影响最大。飞行器在铅垂面机动飞行时，加速度为

$$a = \frac{1}{m}\sum \boldsymbol{F} = \frac{1}{m}(\boldsymbol{T} + \boldsymbol{R} + \boldsymbol{G})$$
$$= \frac{1}{m_1}(\boldsymbol{N} + \boldsymbol{G_1}) \tag{3-34}$$

式中，a 为飞行器加速度；g 为重力加速度；T 为发动力推力；R 为空气动力；G 为重力；N 为驾驶员感觉的支持力；G_1 为驾驶员的重力。则飞机的加速度为

$$\frac{a}{g} = n + \frac{g}{g} = \frac{N}{m_1 g} + \frac{g}{g} \tag{3-35}$$

驾驶员感受的支持力为

$$N = nG_1 \tag{3-36}$$

飞行器在铅垂面飞行时 $n_y = 0$，$n_f = n_z = \frac{L}{G}$。平飞中，升力等于飞行器的重力，法向过载为 1，飞行员给座椅的压力就等于自身体重；由平飞向上做曲线运动时，升力大于飞行器的重力，法向过载大于 1，飞行员给座椅的压力超过体重，呈"超重"现象；由平飞向下做曲线运动时，升力小于飞行器重力，法向过载小于 1，飞行员压在座椅上的压力变轻，出现"失重"现象。

3.3.2 平飞加速和减速

对于作战飞行器来讲，飞行器的水平加速和减速性能是至关重要的。飞行器的水平加速性能由发动机的最大推力决定。常用由某一飞行马赫数增加到另一飞行马赫数所需时间来衡量。现代超声速战斗机由 $Ma = 0.9$ 加速到 1.3 或 1.4，一般需 80 s。良好的减速性能，在空战中对摆脱被动、争取主动十分必需。减速性能常用最大平飞速度减到 0.7 倍最大平飞速度所需的时间来衡量。飞行器为了提高减速性能多采用减速板或反推力装置。飞行器的加减速平衡表达式为

$$\begin{cases} \dfrac{\mathrm{d}V}{\mathrm{d}t} = \dfrac{g}{G}(T - D) = \dfrac{\Delta T}{G}g = n_x g \\ L = G \end{cases} \tag{3-37}$$

因此加减速时间和距离可以积分得到：

$$t = \frac{1}{g}\int_{V_0}^{V_1} \frac{\mathrm{d}V}{n_x} = \frac{G}{g}\int_{V_0}^{V_1} \frac{\mathrm{d}V}{\Delta T}$$
$$L = \int_{t_0}^{t_1} V\mathrm{d}t = \frac{G}{g}\int_{V_0}^{V_1} \frac{V\mathrm{d}V}{\Delta T} \tag{3-38}$$

图 3-13 给出图解法求飞行器加减速性能示意图，由左图可以得到克服阻力后剩余推力的变化，代入到右图中，得到 $\frac{G}{g\Delta T}$ 随速度改变的变化曲线，阴影面积即为所需加速时间。

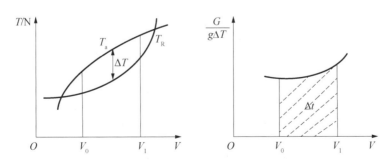

图 3-13　图解法求飞行器加减速性能

3.3.3　跃升

飞行器在升限以下飞行时都具有一个最大平飞速度,这表明它具有一定的能量。如果运用跃升的办法,把具有较大速度的飞行器急速拉起,可以使飞行器的一部分动能(速度)转换成势能(高度),使飞行器获得比理论升限更高的动力升限(见图 3 - 14)。

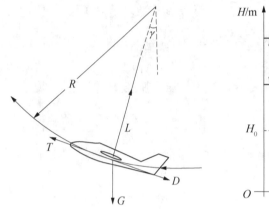

图 3 - 14　飞行器纵向平面内跃升运动　　　　图 3 - 15　飞行器跃升动升限

以 F - 104 飞行器为例,它的超声速稳定升限为 19 300 m;如果采取动力跃升,高度可以增加 50%。动升限 $H_{max.d}$ 和静升限 $H_{max.a}$ 之间的高度范围叫做动力高度范围。前者通过跃升获得最大高度,在该高度范围飞行器的可用推力小于所需推力,飞行器可以保持一段时间的减速平飞,不能做等速平飞。后者是等速直线平飞的最大高度,在该高度上,飞行器的所用推力等于所需推力(平飞阻力)(见图 3 - 15)。这里给出跃升的性能分析的两种分析方法为受力分析法和能量守恒方法。从受力分析角度计算:

$$\begin{cases} \dfrac{G}{g}\dfrac{\mathrm{d}V}{\mathrm{d}t} = T - D - G\sin\gamma \\[2mm] \dfrac{G}{g}\dfrac{V^2}{R} = \dfrac{G}{g}V\dfrac{\mathrm{d}\gamma}{\mathrm{d}t} = L - G\cos\gamma \end{cases} \tag{3-39}$$

从能量守恒角度计算:

$$H_0 G + \frac{G}{2g}V_0^2 = H_1 G + \frac{G}{2g}V_1^2 \tag{3-40}$$

$$\Delta H = H_1 - H_0 = \frac{1}{2g}(V_0^2 - V_1^2) \tag{3-41}$$

定义飞行器的能量高度为在某一高度所具有的当量势能和动能之和:

$$H_e = H_0 + \frac{V_0^2}{2g} \tag{3-42}$$

飞行器的普通飞行包线由于跃升运动而扩大,如图 3 - 16 所示。

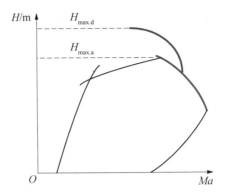

图 3 - 16　飞行器跃升飞行包线的变化

3.3.4　盘旋

对于军用飞行器,尤其是战斗机来说,水平盘旋飞行时半径大小是至关重要的。因为能用较小的半径盘旋转弯在格斗时就能摆脱敌机占据有利的攻击位置。图 3 - 17 为飞行器转弯盘旋示意。

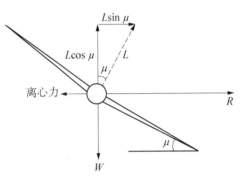

图 3 - 17　飞行器转弯盘旋

盘旋受力平衡表达式为

$$T = D$$
$$L\cos\mu = G \qquad (3-43)$$
$$L\sin\mu = \frac{G}{g}\frac{V^2}{R}$$

可以推导如下运动关系:

$$\begin{cases} n_z = \dfrac{L\cos\mu}{G} \\[3mm] n_y = \dfrac{L\sin\mu}{G} \Rightarrow n_f = \sqrt{n_y^2 + n_z^2} = \dfrac{L}{G} = \dfrac{1}{\cos\mu} \end{cases} \qquad (3-44)$$

则盘旋参数表达式为

$$R = \frac{1}{g}\frac{V^2}{n_f\sin\mu} = \frac{V^2}{g\sqrt{n_f^2 - 1}} \qquad (3-45)$$

$$T = \frac{2\pi R}{V} = \frac{2\pi V}{g\sqrt{n_f^2 - 1}} \qquad (3-46)$$

$$\omega = \frac{2\pi}{T} = \frac{g\sqrt{n_f^2 - 1}}{V} \qquad (3-47)$$

根据表达式可以得到如下盘旋规律:

（1）给定航迹滚转角 μ 的情况下,在 $C_{L\max}$ 获得最小转弯半径 $R_{\min}$。

$$\frac{1}{2}\rho V^2 SC_{L\max}\sin\mu = \frac{GV^2}{R_{\min}g} \tag{3-48}$$

$$R_{\min} = \frac{G/S}{\frac{1}{2}\rho g C_{L\max}\sin\mu_{\max}} \tag{3-49}$$

（2）适当小的 G/S 有利于低速产生较大过载。

（3）式（3-45）和式（3-46）分别对速度求微分，可以得到 $V_{R_{\min}}$ 和 $V_{T_{\min}}$。

由
$$T = 2\pi R/V \tag{3-50}$$

得
$$T_{\min}\Leftrightarrow V_{T_{\min}}\Leftrightarrow (R/V)_{\min}$$

根据以上关系画出正常盘旋性能图［见图3-18(a)］：盘旋半径、盘旋时间和法向过载与飞行速度的关系。正常盘旋限制因素主要有三个方面：

（1）过载受到飞行器强度和人的生理条件限制，故有 $n_{f\max}$ 存在，需考虑结构强度及刚度和人的耐过载能力。如战斗机 $n_{f\max}=9$，大型机 $n_{f\max}=2.5\sim3.5$，客机 $n_{f\max}\leqslant2$。

（2）速度减小，必须增加升力，但升力的增加受最大允许升力系数 C_{La} 的限制，因此有如下约束关系：

$$V_{\min}\geqslant\sqrt{\frac{G}{\frac{1}{2}\rho S\cos\mu C_{La}}} \tag{3-51}$$

（3）升力系数增加，阻力增加，因此受到最大可用推力 $T_{a\max}$ 的限制。

$$T_a = \frac{1}{2}\rho V^2 S(C_{D0}+kC_L'^2) = D_0 + n^2 D_i > T_{\text{平}} \tag{3-52}$$

式中，D_0 和 D_i 分别为相同高度和速度下平飞时的零升阻力和诱导阻力。可见同样高度和速度下，飞行器盘旋时的阻力比平飞的阻力大。

盘旋界限图［见图3-18(b)］给出不同过载条件下盘旋飞行的速度范围。首先画出给定高度上发动机的最大可用推力曲线；然后绘出 $n_f=1$ 到 $n_f=n_{f.\max}$ 的盘旋需用推力曲线族；最

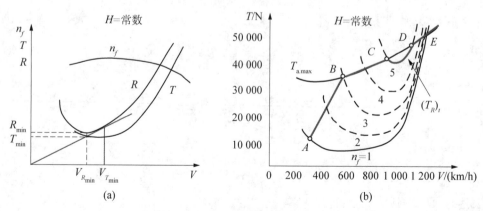

图3-18　正常盘旋性能和界限

后在曲线族上标出该高度上由于升力系数限制所决定的最小盘旋速度与 n_f 的变化曲线。AB 段受升力系数限制，BC、DE 段受发动机推力限制，CD 段受最大过载限制。最大过载受发动机推力限制如下：

$$L = n_f G \tag{3-53}$$

$$D = \frac{1}{2}\rho V^2 S(C_{D0} + kC_L^2) = D_0 + n_f^2 D_i = T_{\max} \tag{3-54}$$

$$n_{f_{\max}} = \sqrt{\frac{T_{\max} - D_0}{D_i}} \tag{3-55}$$

极限盘旋：给出的是处于三种限制条件之一时，飞行器的盘旋半径、周期和法向过载与速度的关系曲线。图 3-19 给出了飞行器过载与速度的关系曲线。

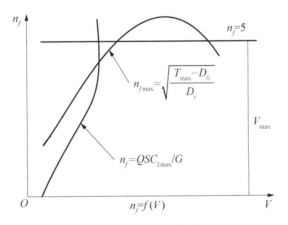

图 3-19　极限盘旋性能—过载随飞行速度变化

根据以上分析可以得到影响机动性能的设计参数：

（1）大推重比有利于增大爬升率；

（2）大许用升力系数有利于产生大法向过载；

（3）发动机油门响应速度：强调机动的瞬态(敏捷性)时所必须；

（4）必要的减速装置，迅速减速以利于转弯；

（5）G/S：适当的小值有利于低速产生较大过载，并减小低速诱阻，但需与跨超声速性能协调，适当折中；

（6）乘员、飞行器结构的承载能力。

3.4　滑跑起飞和着陆性能

滑跑起飞和着陆是相对于垂直起降而言的，滑跑是指飞行器起飞前在地面上滑跑一段距离，达到一定速度后，达到升力要求，然后依靠升降舵控制俯仰实现高度改变，常规飞机都是使用该种升降方式的，而目前常规布局的低空飞艇也可以实现该种升降方式，但由于飞艇通常配置矢量螺旋桨并有净浮力和净重力,因此还可以实现垂直起降。

对于大气动力飞行器,起飞离陆时为了避免进入失速的危险,规定的离陆速度要大于失速速度 $10\%\sim15\%$。在地面滑跑的飞行器,起飞速度越小起飞就越安全,在飞行器的着陆过程中,也希望尽可能使速度小一些,着陆的速度越小,对飞行安全也越有利。可以看到提高机翼的最大升力系数十分重要。因此目前有许多飞行器除了采用增升效果好的襟翼之外,还采用各种附面层控制的办法来提高飞行器的最大升力系数,改善飞行器的起落性能。

3.4.1　起飞滑跑段距离和时间

图 3-20 为飞行器的起飞过程示意。它分为起飞滑跑,上升加速,稳态上升,平飞增速和稳定上升阶级。飞行器从松开刹车向前滑跑至机轮离开地面这段距离称为起飞滑跑距离。从机轮离开地面开始至升高到安全高度,飞行器沿地平线所经过的距离,称起飞爬升距离。安全高度苏联一般取 25 m,而英、美、日等国通常取 15.25 m。希望离陆尽可能快,这样可以在较短的跑道上起飞,扩大飞行器的使用范围。发动机的推力越大离陆距离也可越短。

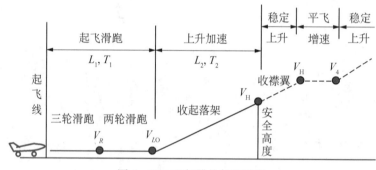

图 3-20　飞行器的起飞过程

飞行器在起飞滑跑阶段受力分析如下:

$$\frac{G}{g}\frac{\mathrm{d}V}{\mathrm{d}t} = T - D - F$$
$$N = G - L \tag{3-56}$$
$$F = fN$$

滑跑时间和滑跑距离可由积分得到

$$\begin{cases} T_1 = \dfrac{1}{g}\displaystyle\int_0^{V_{\mathrm{lo}}} \dfrac{\mathrm{d}V}{\dfrac{T}{G} - f - \dfrac{\rho V^2 S}{2G}(C_D - fC_L)} \\[4mm] L_1 = \dfrac{1}{2g}\displaystyle\int_0^{V_{\mathrm{lo}}} \dfrac{\mathrm{d}V^2}{\dfrac{T}{G} - f - \dfrac{\rho V^2 S}{2G}(C_D - fC_L)} \end{cases} \tag{3-57}$$

由此可见,随着 $\dfrac{T}{G}$ 上升,f 下降,V_{lo} 下降,$(C_D - fC_L)$ 下降,导致 T_1 下降,L_1 下降。起飞需尽快获取能量,并产生足够大的升力系数。

离地条件计算：

$$G = L + T_a \sin(\alpha_{lo} + \phi_T) \approx L$$

$$V_{lo} = \sqrt{\frac{2G}{\rho S C_{Llo}}} \qquad (3-58)$$

C_{Llo} 选择受如下条件限制：

　　(1) $C_{Llo} \leqslant C_{Lsh} = (0.8 \sim 0.9)C_{Lmax}$；

　　(2) $C_{Llo} \leqslant C_{La_{lo}}$。

图 3-21 展示了飞行器的起飞离地示意,图中 ϕ_T 为发动机的安装角；α_{lo} 为护尾迎角；$0.2 \sim 0.3 \text{ m}$ 为安全高度。

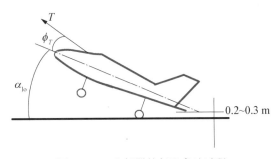

图 3-21　飞行器的起飞离地过程

3.4.2　上升段水平距离和时间

采用能量法建立该阶段运动方程：

$$\frac{G}{2g}V_H^2 + HG = \frac{G}{2g}V_{lo}^2 + \int_0^{L_2}(T-D)\mathrm{d}L$$

$$= \frac{G}{2g}V_{lo}^2 + (T-D)_{av}L_2 \qquad (3-59)$$

可以导出

$$L_2 = \frac{G}{(T-D)_{av}}\left(\frac{V_H^2 - V_{lo}^2}{2g} + H\right), \quad T_2 = \frac{L_2}{V_{av}} \qquad (3-60)$$

这里有如下近似表达式：

$$V_{av} = \frac{1}{2}(V_H + V_{lo}), \quad (T-D)_{av} = \frac{1}{2}\big[(T-D)_{lo} + (T-D)_{V=V_H}\big], \quad L \approx G \qquad (3-61)$$

3.4.3　着陆段水平距离和时间

着陆过程中的着陆速度是飞行器下滑至离地 25 m 进入着陆区时的速度,着陆速度同样也取决于机翼的最大升力系数,升力系数大着陆速度就小。

图 3-22 为飞行器的着陆过程示意。着陆距离可分为着陆下滑距离和着陆滑跑距离。着陆滑跑距离决定于接地速度和平均减速度。现代的高速飞行器几乎都采用阻力伞和反推力装置等缩短着陆滑跑距离。在飞行器的起降性能中,机翼的最大升力系数十分重要。目前有许多飞行器除了采用增升效果好的襟翼之外,还采用各种附面层控制的办法来提高飞行器的最大升力系数,改善飞行器的起落性能。

同样采用能量法建立该阶段运动方程。

$$\frac{G}{2g}V_H^2 + HG = \frac{G}{2g}V_{TD}^2 + D_{av}L_3 \qquad (3-62)$$

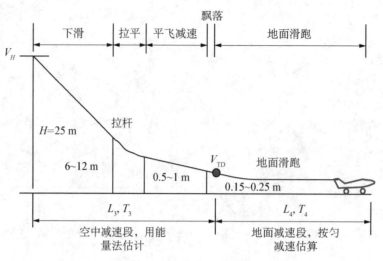

图 3 - 22　飞行器的着陆过程

$$\begin{cases} L_3 = \dfrac{G}{D_{\mathrm{av}}}\Big(\dfrac{V_H^2 - V_{\mathrm{TD}}^2}{2g} + H\Big) \approx K_{\mathrm{av}}\Big(\dfrac{V_H^2 - V_{\mathrm{TD}}^2}{2g} + H\Big) \\[3mm] T_3 = \dfrac{L_3}{V_{\mathrm{av}}} = \dfrac{L_3}{\dfrac{1}{2}(V_H + V_{\mathrm{TD}})} \end{cases} \tag{3-63}$$

式中 $K_{\mathrm{av}} = \dfrac{1}{2}(K_H + K_{\mathrm{TD}})$。

3.4.4　着陆滑跑段距离和时间

采用受力分析方法建立该段运动方程：

$$a_{\mathrm{av}} = -\frac{g}{G}(D+F)_{\mathrm{av}} = -\frac{g}{2G}\Big(\frac{G}{K_{\mathrm{TD}}} + fG\Big)_{\mathrm{av}} = -\frac{g}{2}\Big(f + \frac{1}{K_{\mathrm{TD}}}\Big) \tag{3-64}$$

则有

$$\begin{aligned} L_4 &= -\frac{V_{\mathrm{TD}}^2}{2a_{\mathrm{av}}} = \frac{V_{\mathrm{TD}}^2}{g\Big(f + \dfrac{1}{K_{\mathrm{TD}}}\Big)} \\[3mm] T_4 &= -\frac{V_{\mathrm{TD}}}{a_{\mathrm{TD}}} = \frac{2V_{\mathrm{TD}}}{g\Big(f + \dfrac{1}{K_{\mathrm{TD}}}\Big)} \end{aligned} \tag{3-65}$$

由此可见：当 V_{TD} 上升，L_4 增大；但 L_4 比 L_3 重要，所以要求 V_{TD} 降低。

　　根据起飞着陆的主要性能指标，为了尽快加速飞行器达到离地要求和安全高度，需要增升、减阻、大推进；为了使飞行器从安全高度回到机场而减速停止，需要增升、增阻、多方制动、减速力尽量大以吸收能量。

3.5 飞艇的垂直起降性能

飞艇由于能够垂直起降和定点驻空,在民用和军事领域都有重要的应用价值。与常规飞行器相比平流层飞艇有如下特点:①平流层飞艇体积大、质量大,因而飞行器本身具有惯量大、时延长和机动性差的特点;②平流层飞艇庞大的体积和半柔性结构在飞行过程中会产生较大的变形,从而影响其受力,因此需要建立流固耦合空气动力学模型;③平流层飞艇通过内外压差来保持整个外形,因此在不同高度或大气压下,浮空器要进行不断的充、放气以保持内外压差的恒定,这就会引起浮空器的质量、重心和惯性矩等参数变化;④在放飞、回收阶段,平流层飞艇要经过地面、对流层和平流层,气象条件差异巨大,浮空器内部热力学、充放气动力学、空气动力学和螺旋桨操纵动力学都和外界环境有很强的耦合;⑤严格受重量和能源的约束,由于庞大的体积和小推重比动力配置,在大范围的升降过程中,平流层飞艇通常采用垂直起降的升空和返回方式。

3.5.1 最小氦气质量和最大飞行高度

3.5.1.1 最小氦气质量

为了提高系统的可靠性,平流层飞艇气囊一般分为多个氦气囊和多个空气囊,为了计算方便,这里按照总的氦气囊体积和总的空气囊体积分析。氦气囊在飞艇运行到工作高度或在飞艇下降过程中与外界有质量交换,目的在于当空气囊调节能力不足时调节飞艇所受的净浮力。它通过隔膜与空气囊传递压力作用,可认为空气囊压力和氦气囊压力保持平衡。保证地面高度初始净浮力为正的最小氦气质量可通过以下计算得到:

$$L_n = \rho g V_T - mg = 0 \tag{3-66}$$

$$V_{He} = \frac{\rho_{ref} V_T - \dfrac{p_{air} V_T}{R_{air} T_{air}} - M_{net}}{\dfrac{p_{He}}{R_{He} T_{He}} - \dfrac{p_{air}}{R_{air} T_{air}}} \tag{3-67}$$

故起始点最小氦气质量 $m_{He} = \rho_{He} V_{He}$。

氦气质量也会影响飞艇上升速度,增加初始氦气质量,在相同高度下,氦气的体积会增大,这样空气囊的体积会减小,飞艇的总质量会减小,所受净浮力会增加,故飞艇的上升速度也会增加。

3.5.1.2 最大飞行高度

装有部分浮升气体的气囊,初始因为有净浮力,所以会上升。随着高度上升,气体不断膨胀,当升力气体充满气囊时,随着高度增加,体积不变,大气密度变小,所受的静浮力减小,当净浮力为零时,飞艇达到最大的飞行高度,称为压力高度。飞艇达到最大飞行高度满足氦气囊充满整个艇体,并且飞艇的净浮力为零的条件为

$$V_T = V_{He}$$

$$\rho_{ref} V_T = m_{He} + M_{net} \tag{3-68}$$

由关系式 $\rho_{air} = 7.25\rho_{He}$ 可得

$$\rho_{ref} = \frac{1}{\left[1 - \dfrac{1}{7.25}\left(1 + \dfrac{\Delta p}{p_{ref}}\right)\left(\dfrac{1}{1 + \dfrac{\Delta T}{T_{ref}}}\right)\right]}\frac{M_{net}}{V_{He}} \tag{3-69}$$

在温差和压差相对很小的情况下,上式可以估算为

$$\rho_{ref} = \frac{1.16 M_{net}}{V_{He}} \tag{3-70}$$

大气密度和高度唯一对应,故由上式可知,飞艇最大高度由飞艇固有质量和最大氦气体积决定,实际过程中,最大氦气体积为气囊总体积减去预留空气囊体积的剩余体积。这里预留空气囊体积是为了实现飞行高度上前后副气囊的变质心姿态控制功能。

3.5.2　热环境和热力学模型

根据传热学的知识,热量传递的基本方式有 3 种,即传导、对流和辐射。热传导是指具有较高能级的粒子向较低能级的粒子传递热能量的过程,它是一种建立在物质微观粒子随机运动基础上的扩散行为;热对流是指存在温差条件下,伴随流体的宏观移动发生的因冷流体与热流体互相掺混而导致的热量迁移;热辐射是指物质内部因微观粒子的热运动而激发出来的电磁波能量。在平流层飞艇上升和下降过程中,热量传递的方式主要有热对流和热辐射两种。

如图 3-23 所示,外界大气和飞艇气囊的热对流分为强制对流和自然对流两种。一般来说,自然对流的流速较低,因此自然对流换热通常要比强迫对流换热弱,表面传热系数要小很多。例如,气体的自然对流换热表面传热系数在 1~10 范围内,而气体的强迫对流换热表面传

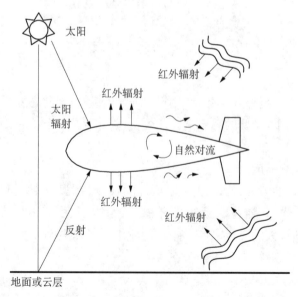

图 3-23　平流层飞艇热环境影响因素

热系数通常为 10～100。因此，在确定对流换热系数时可以忽略自然对流换热以简化求解过程。

热辐射有太阳直接辐射、地气系统反射太阳辐射、地气系统红外辐射、环境大气红外辐射和囊体自身红外辐射。与其他几项辐射相比，太阳直接辐射能量占主导地位，可以忽略其他辐射以简化求解过程。

3.5.2.1 热力学参数

如前所述，飞艇的外界输入能量主要有两个部分，分别是氦气囊与外界大气的对流换热和太阳热辐射效应，分别可用公式表示为

$$Q_{He, atm} = KA_{as}(T_{ref} - T_{He}) \tag{3-71}$$

和

$$Q_{rs} = \alpha_S I A_{as} \tag{3-72}$$

式中，K 为飞艇与大气环境的传热系数；I 为飞艇运行高度上的太阳辐射强度，随着季节和高度不同而变化，估算时可取平均值；T_{ref}、T_{He} 为外界大气和氦气的温度，上述符号除大气和氦气的温度外都需确定；A_{as} 为气囊与外界大气的换热面积，因为飞艇椭球体只有上半平面接收到辐射，下半平面不直接接触阳光，对飞艇椭球体上半部分做曲面积分，可得到 A_{as}；α_S 为飞艇表面的太阳吸收率。

3.5.2.2 热力学模型

在上升过程中，外部压强和温度下降，氦气膨胀，空气囊被压缩，气体外排；在下降过程中，外部压强和温度上升，氦气外排，空气内充，氦气囊逐渐缩小，空气囊逐渐增大。

根据热力学第一定律，控制体的能量守恒方程可以写为

$$\delta Q = \delta W + dE + (h_2 + c_2^2/2 + gz_2)\delta m_2 - (h_1 + c_1^2/2 + gz_1)\delta m_1 \tag{3-73}$$

式中，δQ 为外界输入能量；δW 为控制体对外做功；dE 为控制体内能变化；$(h_2 + c_2^2/2 + gz_2)\delta m_2$ 为流出工质带出的能量；$(h_1 + c_1^2/2 + gz_1)\delta m_1$ 为流入工质带入的能量。

因此，在上升和下降过程中，氦气囊的能量守恒方程可简化为

$$m_{He}C_{p, He}\frac{dT_{He}}{dt} = \sum Q_{He, i} + V_{He}\frac{dp_{He}}{dt} \tag{3-74}$$

式中，m_{He}、$C_{p, He}$、T_{He}、V_{He}、p_{He} 分别表示氦气的质量、定压热容、温度、体积和压强。等式右边第一项是氦气囊与外界环境的传热量，包括气囊与周围环境的换热，太阳直接辐射，地球反照，地球红外辐射等。

气囊内气体视为理想气体，满足理想气体状态方程

$$p_{He}V_{He} = m_{He}R_{He}T_{He} \tag{3-75}$$

式中，R_{He} 为氦气理想气体状态常数，取值为 2.078 5 kJ·K^{-1}·kg^{-1}。

气囊满足以下约束条件：

$$V_{\mathrm{T}} = V_{\mathrm{He}} + V_{\mathrm{air}} \tag{3-76}$$

$$p_{\mathrm{He}} = p_{\mathrm{air}} = p_{\mathrm{ref}} + \Delta p \tag{3-77}$$

式中，V_{T} 为飞艇气囊总体积；p_{ref} 为外部大气压力；Δp 为内外压差。

同理，在上升过程中，空气囊的能量守恒方程为

$$m_{\mathrm{air}} C_{p,\,\mathrm{air}} \frac{\mathrm{d}T_{\mathrm{air}}}{\mathrm{d}t} = \sum Q_{\mathrm{air},\,i} + V_{\mathrm{air}} \frac{\mathrm{d}p_{\mathrm{air}}}{\mathrm{d}t} \tag{3-78}$$

式中，m_{air}、$C_{p,\,\mathrm{air}}$、T_{air}、V_{air}、p_{air} 分别表示空气的质量、定压热容、温度、体积和压强。等式左边表示空气囊的内能变化，等式右边第一项表示空气囊与外界环境的传热量，第二项表示空气囊压缩或膨胀的做功。

而在下降过程中，空气囊的能量守恒方程为

$$m_{\mathrm{air}} C_{p,\,\mathrm{air}} \frac{\mathrm{d}T_{\mathrm{air}}}{\mathrm{d}t} = \sum Q_{\mathrm{air},\,i} + V_{\mathrm{air}} \frac{\mathrm{d}p_{\mathrm{air}}}{\mathrm{d}t} + C_{p,\,\mathrm{air}} (T_{\mathrm{ref}} - T_{\mathrm{air}}) \frac{\mathrm{d}m_{\mathrm{air}}}{\mathrm{d}t} \tag{3-79}$$

式中，T_{ref} 为外界大气的温度。式(3-79)考虑了下降过程中，由鼓风机股入的外界空气的热量对系统传热量的影响。

空气囊亦满足理想气体状态方程：

$$p_{\mathrm{air}} V_{\mathrm{air}} = m_{\mathrm{air}} R_{\mathrm{air}} T_{\mathrm{air}} \tag{3-80}$$

式中 R_{air} 为空气理想气体状态常数，取值为 $0.286\,7\ \mathrm{kJ \cdot K^{-1} \cdot kg^{-1}}$。

将上面几式联立，可得微分方程组：

$$\begin{cases} m_{\mathrm{He}} C_{p,\,\mathrm{He}} \dfrac{\mathrm{d}T_{\mathrm{He}}}{\mathrm{d}t} = \sum Q_{\mathrm{He},\,i} + V_{\mathrm{He}} \dfrac{\mathrm{d}p_{\mathrm{He}}}{\mathrm{d}t} \\[2mm] m_{\mathrm{air}} C_{p,\,\mathrm{air}} \dfrac{\mathrm{d}T_{\mathrm{air}}}{\mathrm{d}t} = \sum Q_{\mathrm{air},\,i} + V_{\mathrm{air}} \dfrac{\mathrm{d}p_{\mathrm{air}}}{\mathrm{d}t}（上升） \\[2mm] m_{\mathrm{air}} C_{p,\,\mathrm{air}} \dfrac{\mathrm{d}T_{\mathrm{air}}}{\mathrm{d}t} = \sum Q_{\mathrm{air},\,i} + V_{\mathrm{air}} \dfrac{\mathrm{d}p_{\mathrm{air}}}{\mathrm{d}t} + C_{p,\,\mathrm{air}} (T_{\mathrm{air}} - T_{\mathrm{ref}}) \dfrac{\mathrm{d}m_{\mathrm{air}}}{\mathrm{d}t}（下降） \\[2mm] p_{\mathrm{He}} V_{\mathrm{He}} = m_{\mathrm{He}} R_{\mathrm{He}} T_{\mathrm{He}} \\[2mm] p_{\mathrm{air}} V_{\mathrm{air}} = m_{\mathrm{air}} R_{\mathrm{air}} T_{\mathrm{air}} \\[2mm] p_{\mathrm{He}} = p_{\mathrm{air}} = p_{\mathrm{ref}} + \Delta p \\[2mm] V_{\mathrm{T}} = V_{\mathrm{He}} + V_{\mathrm{air}} \end{cases} \tag{3-81}$$

求解以上微分方程组可以得到平流层飞艇在上升和下降过程中温度、压强等状态量随时间变化的数值解，建立平流层飞艇上升和下降过程的热模型。

3.5.3　起降性能数值仿真

3.5.3.1　升/降方案设计

飞艇的上升和下降实际过程依据飞行器的总体动力配置而设计，这里给出只考虑气囊充

放气作用的升降过程。

上升阶段：飞艇氦气囊充入一定质量的氦气，使飞艇净浮力大于零，飞艇依靠净浮力上升。随飞艇上升，外部压强和温度下降，氦气膨胀，同时，空气囊被压缩，空气通过排气阀外排，维持飞艇内外压差不变。氦气囊体积越来越大，空气囊体积越来越小，氦气囊体积达到最大值时，飞艇所受净浮力减小到零，飞艇进入悬停或平飞阶段。

悬停或平飞阶段：受外界环境温度的影响，飞艇在悬停或平飞阶段氦气囊和空气囊的体积会随高度的改变而波动变化。

下降阶段：采取匀速释放氦气的方式使飞艇下降，随氦气的释放，飞艇所受净浮力减小到负值，飞艇开始下降。随飞艇下降，外部压强和温度下降，氦气收缩，氦气囊体积逐渐减小，空气囊通过鼓风机将外界空气充入，维持飞艇内外压差不变。飞艇所受净浮力减小到一定值后，停止释放氦气，最终飞艇将以一定的速度接近地面，完成了下降过程。

3.5.3.2 放氦量和下降速度

飞艇氦气释放速率和飞艇下降速度有关，下面基于热力学方程定量研究两者之间的关系。由于飞艇的升降方程较复杂，很难得到解析过程，只能通过数值计算，依据给定初始条件，获得数值仿真结果。飞艇设计总体积为 300 000 m^3，在 20.18 km 高度，氦气囊配平体积 V_{He} 为 242 500 m^3，故预留副气囊体积 V_{air} 为 57 500 m^3，在平衡状态下，前、后副气囊体积均为 28 750 m^3，初始氦气质量为 3 100 kg。图 3-24 和图 3-25 给出两种释放氦气速率的仿真结果。

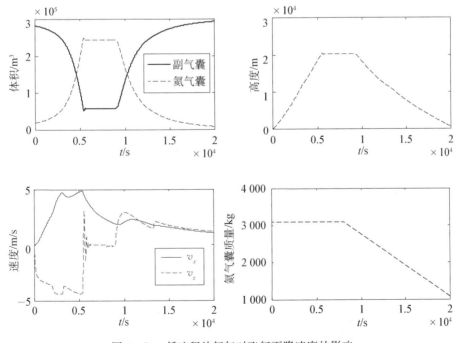

图 3-24 低速释放氦气对飞艇下降速度的影响

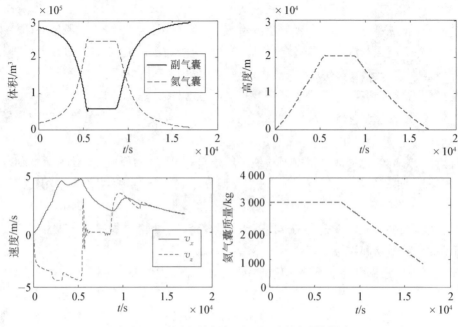

图 3-25　高速释放氦气对飞艇下降速度的影响

图中飞艇下降的垂直速度为 v_z，其诱导的前向速度为 v_x。当低速氦气释放速率取为 0.15 kg/s 时，飞艇高度从 9 000 s 开始下降，垂直下降最大速度为 2.918 m/s，下降时间为 11 000 s，末端高度为 743 m，末端垂直速度为 1.192 m/s，氦气从 8 000 s 开始减少，末端剩余氦气质量约为 1 009 kg；当高速氦气释放速率取为 0.25 kg/s 时，飞艇高度从 8 800 s 开始下降，垂直下降最大速度为 3.577 m/s，下降时间为 8 200 s，末端高度为 111 m，末端垂直速度为 1.68 m/s，氦气从 8 000 s 开始减少，末端剩余氦气质量约为 850 kg。

可见氦气释放速率变化会影响飞艇下降所需的时间和垂直下降速度，氦气释放率增加，下降的时间变短，给定下降高度时，在高、低速氦气释放率情况下，氦气释放总量基本相等。

3.5.3.3　上升/下降过程仿真

热力学参数确定后，选定氦气释放速率为 0.25 kg/s，对基于热力学模型的平流层飞艇进行开环上升下降过程仿真。图 3-26 给出上升和下降过程中飞艇氦气囊、空气囊和大气温度的变化，在上升过程中，在 11 km 以下，大气温度、氦气温度和空气温度均降低，其中氦气温度低于大气温度和空气温度，这主要是氦气膨胀做功引起的。在 11 km 以上，大气进入等温层，氦气膨胀做功影响逐渐减小，太阳辐射对氦气温度变化产生影响加大，可以看到，氦气温度会有所升高逐渐接近空气温度。

在下降过程中，空气囊不断膨胀对氦气囊做功，在太阳辐射影响下，由图 3-26 给出升降过程中飞行器的位置、内外压差、各部分气囊的温度和体积的变化，在没有风的条件下，上升和下降过程中，飞行器纵向飘移 20 000 m 左右；在工作高度飞艇达到的稳态压差为 650 Pa 左右；氦气温度、空气温度和大气温度按同一趋势逐步增大，其中下降过程氦气温度略高于空气温度和大气温度；上升过程中，氦气囊体积不断增大，空气囊体积不断减小；下降过程中，空气囊体积不断增大，氦气囊体积不断减小；整个上升和下降过程中，氦气囊和空气囊的总体积不变。图 3-

27 给出升降过程的净浮力和氦气质量变化,以及副气囊交换的空气质量,用来作为选择阀门的依据。图 3-28 中显示了平流层飞艇上升和下降过程中开环仿真的速度和姿态变化。在上升过程中,由于净浮力的作用,在惯性坐标系下垂向产生了 4 m/s 左右的速度;由于各力矩的影响和耦合作用,在惯性坐标系前进方向速度和俯仰角都产生变化;在达到飞行高度时,内外压差和俯仰角产生了振荡,这是由于氦气充满艇体,氦气囊体积不再变化,导致运动的非线性结果。

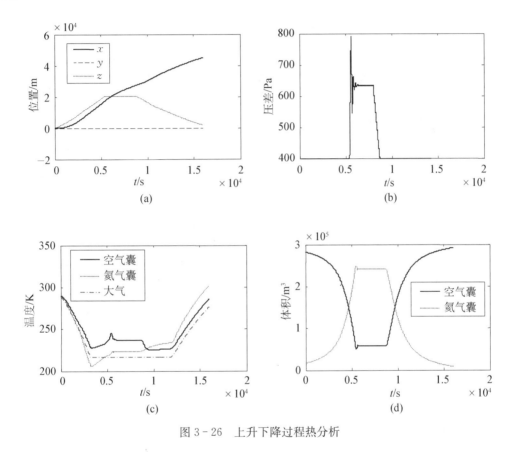

图 3-26   上升下降过程热分析

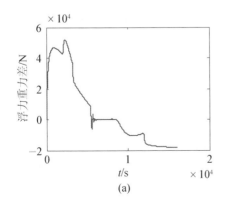

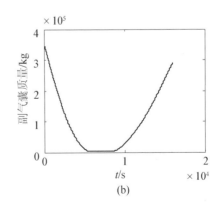

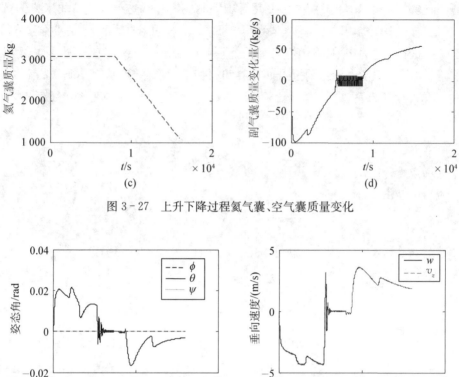

图 3-27　上升下降过程氦气囊、空气囊质量变化

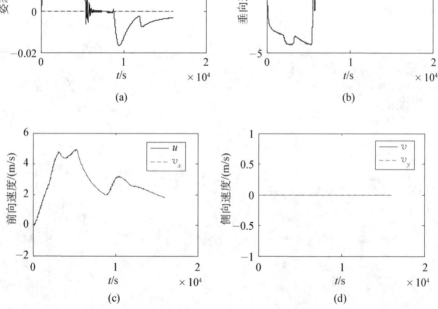

图 3-28　上升下降过程中飞艇速度和姿态变化

4 飞行器的静稳定性和静操纵性

飞行品质是研究飞行器保持和改变原飞行状态的能力,以及飞行器对外界扰动的反应和对操纵的响应。处理这类问题时,一般需要同时考虑力和力矩的平衡,因此研究飞行器的飞行品质属于质点系动力学范围。主要研究包括:飞行器的平衡、稳定性和操纵性。本章分别以飞机和飞艇为例,分析大气飞行器的平衡状态、静稳定性和静操纵性。

4.1 飞行器的平衡

飞行器的平衡包括作用力平衡和力矩平衡两个方面。其力矩平衡包括俯仰平衡、方向平衡和横滚平衡。

飞行器的俯仰平衡是指作用于飞行器的各俯仰力矩之和为零(见图4-1),迎角不变:$\sum M_y = 0$。产生俯仰力矩主要有:

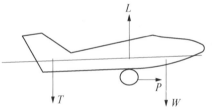

图4-1 飞行器俯仰受力平衡

(1) 机翼产生的俯仰力矩,取决于飞行器的重心位置、迎角和飞行器的构型。

(2) 水平尾翼产生的俯仰力矩。

(3) 拉力(或推力)产生的俯仰力矩。

飞行器的方向平衡是指作用于飞行器的各偏转力矩之和为零(见图4-2)、侧滑角不变或侧滑角为零:$\sum M_z = 0$。偏转力矩主要有:

(1) 两翼阻力对重心产生的偏转力矩。

(2) 垂尾侧力对重心产生的偏转力矩。

(3) 双发或多发飞行器拉力产生的偏转力矩。

飞行器的横侧平衡是指作用于飞行器的各滚转力矩之和为零(见图4-3),坡度不变:

$$\sum M_x = 0$$。产生滚转力矩主要有:

(1) 两翼升力对重心产生的滚转力矩。

(2) 垂尾侧力对重心产生的滚转力矩。

(3) 螺旋桨反作用力矩对重心产生滚转力矩。

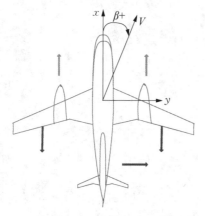

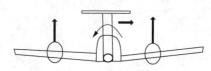

图4-2 飞行器偏航受力平衡　　　　图4-3 飞行器横滚受力平衡

4.2 运动的稳定性

4.2.1 运动稳定性定义

物体受扰偏离原平衡状态后,自动出现的力图使物体回到原平衡状态的、方向始终指向原平衡位置的力矩,称为稳定力矩。

物体受扰后的运动过程中,自动出现的、方向始终与运动方向相反的力矩,称为阻尼力矩。图4-4为单摆的受力分析。

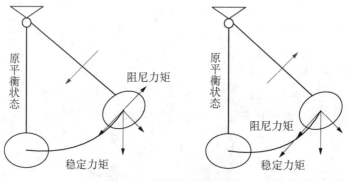

图4-4 单摆的受力分析

下垂的单摆是稳定的,因为其受到稳定力矩和阻尼力矩的共同作用。

一旦摆锤偏离原平衡状态,重力分力形成的力矩力图使摆锤回到原平衡位置。此外,摆锤在摆动过程中还受到空气阻力形成的力矩作用。单摆在这两个力矩的共同作用下,最终回到原平衡状态。

讨论物体的稳定问题,首先要在物体处于平衡状态下才有意义。一个圆球可以有三种不同的平衡状态,当圆球处在坑内,对它稍加一点力使它离开原来位置,外力一取消,它能恢复到原来位置,这是"稳定"平衡状态。圆球在水平平面上,无论圆球移动到那个位置,它都能建立新的平衡状态这叫"中立稳定"平衡状态,而处在凸包顶端的圆球虽然也是平衡的,但加力使它离开原来位置后,不能恢复到原来位置上来,这是"不稳定"平衡状态(见图4-5)。

"稳定"状态　　　　"中立稳定"状态　　　　"不稳定"状态

⬤ 初始位置　　○ 新位置

图4-5　稳定性形式

4.2.2　飞行器的稳定性

飞行器的稳定性:飞行器受到小扰动(包括阵风扰动和操纵扰动)后,偏离原平衡状态,并在扰动消失后,飞行员不给予任何操纵,飞行器自动恢复原平衡状态(包括最初响应的静稳定性问题和最终响应的动稳定性问题)的特性。

飞行器的静稳定性:平衡态飞行器受扰后出现稳定力矩,在扰动源消失后,具有回到原平衡状态的趋势,称为飞行器是静稳定的,静稳定性研究物体受扰后的最初响应问题。

飞行器的动稳定性:平衡态飞行器在扰动运动过程中出现阻尼力矩,扰动源消失后,飞行器具有能够逐渐地恢复到原平衡状态的能力,称飞行器是动稳定的。动稳定性是研究物体受扰运动的时间响应历程问题。

图4-6给出了飞行器动稳定性形式。飞行器受到扰动后,恢复原飞行姿态的运动过程由飞行器的静稳定力矩、惯性力矩、气动阻尼力矩和交叉力矩相互作用的结果来确定。扰动运动的情况就与影响这些力矩的各种因素有关。与运动加速度相关的为惯性力和力矩;与迎角、侧滑角和舵面偏转有关的空气动力为稳定力矩;与机体的旋转角速度有关的空气动力为阻尼力矩和交叉力矩。静稳定力矩是当飞行器的迎角、侧滑角偏离平衡迎角后,产生的附加升力引起的,它的大小与迎角、侧滑角有关,与旋转角速度无关;阻尼力矩在转动过程中产生,其大小决定于转动角速度的大小;交叉力矩是由于滚转引起的偏航力矩和由于偏航引起的滚转力矩,例如飞机右滚时,右侧机翼迎角增加,阻力增加,产生左偏航力矩。

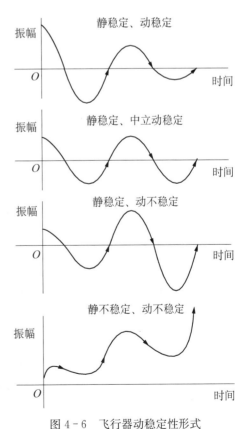

图4-6　飞行器动稳定性形式

4.3 飞机的静稳定性

4.3.1 飞机的重心、压心和焦点

飞行器各部件、燃料、乘员、货物等重力的合力,叫飞行器的重力。飞行器重力的作用点叫

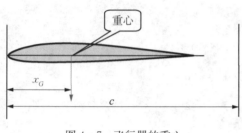

做飞行器重心(见图4-7)。对于飞机,重心的位置常用重心在某一特定翼弦上的投影到该翼弦前端的距离,用占该翼弦的百分数来表示。

图4-7 飞行器的重心

总的空气动力的作用线与飞行器纵轴的交点称为压力中心,简称压心。压心的位置与飞行速度、翼型弯度、升力系数、舵偏角和迎角有关。随着迎角的改变,飞行器上的气动力和压力中心都会改变(见图4-8)。

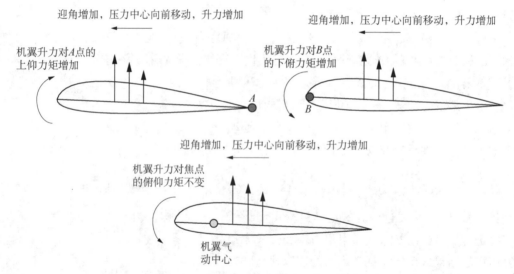

图4-8 压力中心与气动中心位置关系

在零升力条件下,随着迎角的改变,机翼的升力改变,如图4-8所示在 A、B 两点之间,存在一个点,机翼升力的改变量对此点的力矩为零,这个点就是焦点,又称为气动中心,显然焦点是由于迎角改变产生的附加升力的作用点。

按照空气动力学理论,作用在机翼上的气动力可以表示成在机翼平均气动力弦长 $\bar{c}$ 的某参考点处作用升力 L_w、阻力 D_w 和绕参考点的力矩 M_{ac_w} 的形式(见图4-9)。

在小迎角情况下 $L_w \gg D_w$, $x_G \gg z_G$, 有

$$M_w = M_{ac_w} - L_w(x_{ac} - x_G) \tag{4-1}$$

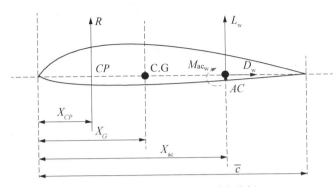

图 4 - 9　机翼翼型剖面受力分析

假设在 $\alpha \leqslant 10°$ 范围内,C_{Lw} 与 α 呈线性关系 $C_{Lw} = C_{Lw_\alpha}(\alpha - \alpha_0)$,力矩系数 C_{mw} 与 α 呈线性关系 $C_{mw} = C_{mw0} + C_{mw_\alpha}(\alpha - \alpha_0)$,当 $\alpha = \alpha_0$ 时,有 $C_{Lw} = 0$,C_{mw0} 称零升力矩系数,主要由于弯度翼型上下两个表面的升力作用点不同产生,又称纯空气动力矩,与力矩的参考点选择无关,一般翼型为正弯度,故 C_{mw0} 为负值(见图 4 - 10)。

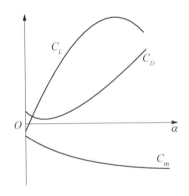

图 4 - 10　机翼升力、阻力、俯仰力矩系数

　　对飞行器的重心取矩,采用压力和升力增量计算的两个力矩相等。

$$M_w = R(x_G - x_{CP}) = M_{ac_w} - L_w(x_{ac_w} - x_G) \qquad (4 - 2)$$

两边除以参考当量 $\frac{1}{2}\rho V^2 S\bar{c}$,求得力矩系数

$$C_{mw} = \frac{M_w}{\frac{1}{2}\rho V^2 S\bar{c}} = \frac{M_{ac_w}}{\frac{1}{2}\rho V^2 S\bar{c}} - \frac{L_w(x_{ac_w} - x_G)}{\frac{1}{2}\rho V^2 S\bar{c}}$$

$$= C_{mac_w} - C_{Lw}\left(\frac{x_{ac_w}}{\bar{c}} - \frac{x_G}{\bar{c}}\right) \qquad (4 - 3)$$

式中定义 C_{mac_w} 为绕焦点的零升力矩系数,主要和翼型的摩擦力有关。将 $C_{mw} = C_{mw0} + C_{mw_\alpha}(\alpha - \alpha_0)$ 代入上式,有

$$C_{mac_w} = C_{Lw_\alpha}(\alpha - \alpha_0)\left(\frac{x_{ac_w}}{\bar{c}} - \frac{x_G}{\bar{c}}\right) + C_{mw0} + C_{mw_\alpha}(\alpha - \alpha_0) \qquad (4 - 4)$$

根据焦点定义 $\dfrac{\partial C_{mac_w}}{\partial \alpha} = 0$,将上式对迎角求导有

$$\frac{\partial C_{mac_w}}{\partial \alpha} = C_{mw_\alpha} + C_{Lw_\alpha}\left(\frac{x_{ac_w}}{\bar{c}} - \frac{x_G}{\bar{c}}\right) \qquad (4 - 5)$$

$$C_{mw_\alpha} = -C_{Lw_\alpha}\left(\frac{x_{ac_w}}{\bar{c}} - \frac{x_G}{\bar{c}}\right) \qquad (4 - 6)$$

因为假设在抖动迎角范围内升力系数斜率不变,力矩系数与迎角呈线性关系,所以 $C_{Lw_\alpha}\left(\dfrac{x_{ac_w}}{\bar{c}}-\dfrac{x_G}{\bar{c}}\right)$ 为常值 k,则 x_{ac_w} 为常值,这就是引入焦点的目的。焦点位置 x_{ac_w} 不随迎角而变化,迎角改变所引起的俯仰力矩增量将完全由升力增量决定。通常焦点距翼弦前缘点的距离是整个翼弦长度的 25%。焦点位置计算式为

$$\frac{x_{ac_w}}{\bar{c}}=-\left(\frac{\partial C_{mw}}{\partial \alpha}\Big/\frac{\partial C_{Lw}}{\partial \alpha}-\frac{x_G}{\bar{c}}\right)=-\left(\frac{\partial C_{mw}}{\partial C_L}-\frac{x_G}{\bar{c}}\right) \tag{4-7}$$

对称翼型优点在于,在 $\alpha=0$ 时,无升力,无俯仰力矩,无诱导阻力,但有少量的阻力,压心和焦点重合。有正弯度翼型在 $\alpha<0$ 时,由于弯度的作用,机翼上下表面压力分布平衡,上下表面压力作用点不同,产生关于焦点的低头力矩,$C_{mac_w}<0$。图 4 - 11 给出了弯度翼型焦点和压心随迎角的变化关系。影响焦点位置的因素:

(1)焦点和翼型的弯度、厚度和迎角无关。

(2)飞行马赫数影响:焦点的位置与机翼上下表面的压力分布有关,因此亚声速飞行时,焦点位于距离前缘的 1/4 处,超声速飞行时,焦点后移。

(3)飞行器构型:襟翼、缝翼、起落架等的安装位置;纵向操纵系统的安装间隙和弹性间隙。

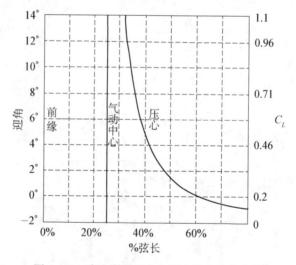

图 4 - 11　弯度翼型焦点和压心随迎角的变化

4.3.2　纵向静稳定性和升降舵操纵

飞行器的纵向静稳定性包括速度静稳定性(定载静稳定性)和迎角静稳定性(定速静稳定性)。

速度静稳定性是指飞行器在受扰动后,在不干预飞行器情况下,飞行器的迎角和速度都发生改变而引起的俯仰力矩变化,在 $n_f=L/G=1$(即飞行器做定直水平飞行条件下)决定的静

稳定性。这时作用在飞行器上的俯仰力矩 $M = f(\alpha, Ma) = f(C_L, Ma)$，为此需要定载 $n_f = 1$ 条件下的纵向力矩系数曲线。

飞行器达到纵向平衡满足：$QS\,\overline{c}\,C_{\mathrm{m}} = 0 \Rightarrow C_{\mathrm{m}} = 0$。图 4 - 12 给出了飞行器定载力矩系数随迎角变化曲线。图中 a 点和 e 点纵向力矩系数为零，飞行器处于纵向平衡状态，a 点是静稳定的，e 点是静不稳定的。显然定载静稳定性与力矩系数曲线在平衡点处的斜率有关，因此纵向速度静稳定性条件为

$$\frac{\mathrm{d}C_{\mathrm{m}}}{\mathrm{d}C_L} = \frac{\partial C_{\mathrm{m}}}{\partial C_L} + \frac{\partial C_{\mathrm{m}}}{\partial Ma}\left(\frac{\partial Ma}{\partial C_L}\right)_{n_f=1} < 0$$

下面给出简单计算依据，由于升重平衡：

$$L = G$$

$$C_L Ma^2 = \frac{2G}{\rho a^2 S} = 常数$$

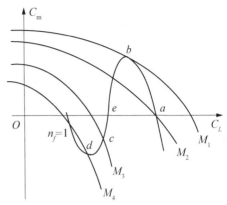

图 4 - 12　飞行器定载力矩系数随迎角变化曲线

上式两边微分可得

$$\frac{\mathrm{d}Ma}{\mathrm{d}C_L} = -\frac{Ma}{2C_L}$$

因此有

$$\frac{\mathrm{d}C_{\mathrm{m}}}{\mathrm{d}C_L} = \frac{\partial C_{\mathrm{m}}}{\partial C_L} - \frac{Ma}{2C_L}\frac{\partial C_{\mathrm{m}}}{\partial Ma} \tag{4-8}$$

式(4-8)中右边第一项表示定速静稳定性，第二项表示 Ma 变化对静稳定性的影响。

迎角静稳定性是指飞行器受扰动后，假设纵向速度不变情况下，迎角变化而引起的俯仰力矩变化决定的静稳定性。定速情况下，迎角变化引起升力 L 变化，相应的过载系数 L/G 也变化，因此定速稳定性又叫过载稳定性。纵向迎角静稳定性条件为

$$M = f(\alpha),且\frac{\partial C_{\mathrm{m}}}{\partial \alpha} = \frac{\partial C_{\mathrm{m}}}{\partial C_L}\frac{\partial C_L}{\partial \alpha} = C_{L\alpha}\frac{\partial C_{\mathrm{m}}}{\partial C_L}$$

则有

$$\frac{\partial C_{\mathrm{m}}}{\partial \alpha}\bigg| < 0 \Rightarrow \frac{\partial C_{\mathrm{m}}}{\partial C_L}\bigg| < 0$$

飞行器的纵向稳定性和俯仰力矩随迎角的变化如图 4 - 13 和图 4 - 14 所示。

对于飞行器为了在正的 α 处配平，需要 $C_{m0} > 0$，当飞行器受扰动以致迎角变化时，不仅水平尾翼迎角随之变化产生附加升力，而且机身、机翼等部分的迎角也要发生变化，同样产生附加升力，研究飞行器有没有迎角稳定性，就要综合起来看飞行器各部分的附加升力的总和，即视飞行器附加升力的作用点（全机焦点）是在飞行器重心之后还是在飞行器重心之前而定。图 4 - 15 为飞行器产生纵向力矩的部件示意。

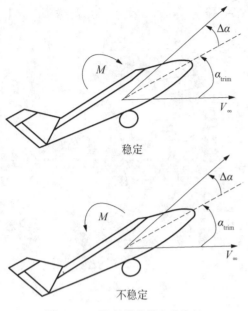

稳定

不稳定

图 4-13　飞行器的纵向稳定性

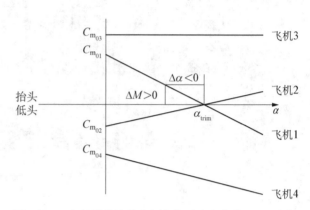

图 4-14　飞行器的俯仰力矩曲线随迎角变化(1、4 稳定)

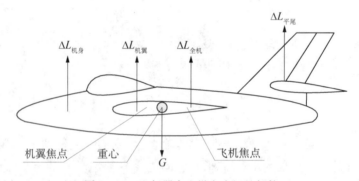

图 4-15　飞行器产生纵向力矩的部件

飞行器焦点位于飞行器重心之后,飞行器具有迎角稳定性,因为当飞行器受扰动而迎角增大时,飞行器附加升力对飞行器重心形成下俯的恢复力矩,使飞行器具有自动恢复原来迎角的趋势。当飞行器受到扰动而迎角减小时,飞行器附加升力对飞行器重心形成上仰的恢复力矩,使飞行器具有恢复原来迎角的趋势。

若飞行器焦点位于重心之前,就没有迎角稳定性。当飞行器受扰动迎角增大时,附加升力对重心形成上仰的力矩,迫使迎角更加增大;而当飞行器受扰动而迎角减小时,附加升力对重心形成下俯的力矩,迫使迎角更加减小。

若飞行器焦点位置与重心位置重合,当飞行器受扰动而迎角发生变化时,其附加升力正好作用于飞行器重心上,对重心形成的力矩等于零。飞行器既不自动恢复原来迎角,也不更加偏离原来迎角,这时处于中立稳定情况。

4.3.2.1　机翼产生的俯仰力矩

图 4-16 给出了机翼受力分析,这里重心和气动中心的位置相对于机翼的前缘测量,气动

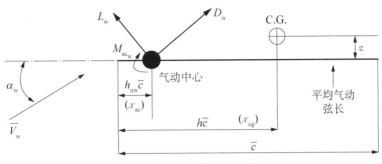

图 4-16　机翼受力分析

力产生的围绕重心的俯仰力矩为

$$M_{\mathrm{w}} = M_{\mathrm{ac_w}} + (L_{\mathrm{w}}\cos\alpha_{\mathrm{w}} + D_{\mathrm{w}}\sin\alpha_{\mathrm{w}})(h\bar{c} - h_{\mathrm{nw}}\bar{c}) + (L_{\mathrm{w}}\sin\alpha_{\mathrm{w}} - D_{\mathrm{w}}\cos\alpha_{\mathrm{w}})z \quad (4-9)$$

式中, h 为翼的前缘到质心距离/平均弦长 $h = \dfrac{x_{\mathrm{cg}}}{\bar{c}}$; h_{nw} 为翼的前缘到气动中心距离 / 平均弦

长, $h_{\mathrm{nw}} = \dfrac{x_{\mathrm{ac}}}{\bar{c}}$; $M_{\mathrm{ac_w}}$ 为阻力和升力产生的相对于气动中心的俯仰力矩; z 为重心到平均弦长的垂

直距离。

若 $z/\bar{c} \ll 1$, 在小迎角情况下简化为

$$M_{\mathrm{w}} = M_{\mathrm{ac_w}} + (L_{\mathrm{w}} + D_{\mathrm{w}}\alpha_{\mathrm{w}})(h - h_{\mathrm{nw}})\bar{c} \quad (4-10)$$

令 $M_{\mathrm{ac_w}} = QS\bar{c}C_{\mathrm{mac_w}}$, $M_{\mathrm{w}} = QS\bar{c}C_{\mathrm{mw}}$, $L_{\mathrm{w}} = QSC_{L\mathrm{w}}$, $D_{\mathrm{w}} = QSC_{D\mathrm{w}}$, 有

$$C_{\mathrm{mw}} = C_{\mathrm{mac_w}} + (C_{L\mathrm{w}} + C_{D\mathrm{w}}\alpha_{\mathrm{w}})(h - h_{\mathrm{nw}}) \quad (4-11)$$

略去 $C_{D\mathrm{w}}\alpha_{\mathrm{w}}$, 令机翼的升力系数

$$C_{L\mathrm{w}} = C_{L\mathrm{w}_{\alpha_{\mathrm{w}}}}\alpha_{\mathrm{w}} \quad (4-12)$$

机翼的俯仰力矩系数

$$C_{\mathrm{mw}} = C_{\mathrm{mac_w}} + C_{L\mathrm{w}}(h - h_{\mathrm{nw}}) = C_{\mathrm{mac_w}} + C_{L\mathrm{w}_{\alpha_{\mathrm{w}}}}(h - h_{\mathrm{nw}})\alpha_{\mathrm{w}} \quad (4-13)$$

则纵向迎角稳定性条件为

$$\frac{\partial C_{M\mathrm{w}}}{\partial \alpha_{\mathrm{w}}} = C_{L\mathrm{w}_{\alpha_{\mathrm{w}}}}(h - h_{\mathrm{nw}}) < 0$$

则 $h_{\mathrm{nw}} > h$, 气动中心在重心的后面, 且为了在正的迎角配平, 希望 $C_{\mathrm{m0}} > 0 \Rightarrow C_{\mathrm{mac_w}} > 0$, 为负弯度翼形。

然而通常采用正弯度翼, 用来满足飞行性能和减轻阻力, 并且气动中心在重心的前面, 可见对于传统的飞行器设计, 单纯机翼是使飞行器静不稳定的。

机翼产生的俯仰力矩大小最终只取决于飞行器重心位置、迎角和飞行器构型。机身对飞行器的影响使零升力矩系数的绝对值增加, 另一方面使机翼的焦点向前移动。如图 4-17 所示。

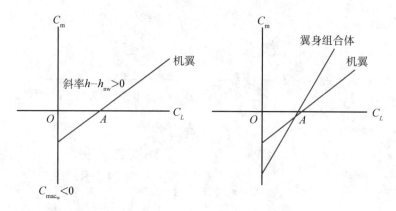

图 4-17 机翼的俯仰力矩系数和升力系数关系

4.3.2.2 平尾产生的俯仰力矩

图 4-18 给出飞机平尾产生的俯仰力矩示意,当考虑到机体和机翼产生下洗流的影响,下洗角表达式为 $\varepsilon = \varepsilon_0 + \dfrac{\partial \varepsilon}{\partial \alpha} \alpha_{wb}$。同机翼升力计算方法,简化的平尾升力为

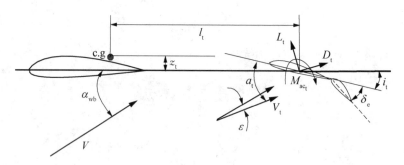

图 4-18 平尾受力和升降舵的操纵

$$L_t = Q_t S_t C_{Lt} \tag{4-14}$$

式中,l_t 为沿气动弦长方向,平尾气动中心到重心的距离;z_t 为平尾气动中心到重心的垂直距离;M_{ac_t} 为作用在平尾气动中心的力矩;Q_t 为平尾点动压。

机翼和平尾的飞行器总升力为

$$L = L_{wb} + L_t = QSC_{Lwb} + Q_t S_t C_{Lt} \tag{4-15}$$

机翼和平尾的飞行器升力系数为

$$C_L = C_{Lwb} + \frac{Q_t S_t}{QS} C_{Lt} \tag{4-16}$$

平尾和机翼的体积比为

$$V_t = \frac{l_t S_t}{S c}$$

平尾的俯仰力矩为

$$M_t = -l_t L_t = -l_t Q_t S_t C_{Lt} \tag{4-17}$$

两边除以力矩参考当量 $QS\bar{c}$，得到平尾的俯仰力矩系数

$$C_{mt} = \frac{-l_t Q_t S_t C_{Lt}}{QS\bar{c}} = \frac{-Q_t}{Q} V_t C_{Lt} \tag{4-18}$$

平尾的迎角为

$$\alpha_t = \alpha_{wb} - \varepsilon + i_t$$

式中，i_t 为平尾的安装角，图中为负的安装角度。

平尾的升力和俯仰力矩系数为

$$
\begin{aligned}
C_{Lt} &= C_{La_t}\alpha_t = C_{La_t}\alpha_{wb} + C_{La_t}(-\varepsilon + i_t) \\
&= C_{La_t}(-\varepsilon_0 + i_t) + C_{La_t}\left(1 - \frac{\partial\varepsilon}{\partial\alpha}\right)\alpha_{wb}
\end{aligned}
\tag{4-19}
$$

总的升力系数为

$$C_L = C_{Lwb} + \frac{S_t}{S}C_{Lt} = C_{La_{wb}}\alpha_{wb} + \frac{S_t}{S}C_{La_t}\alpha_t \tag{4-20}$$

将式(4-19)代入式(4-16)有

$$
\begin{aligned}
C_L &= C_{La_{wb}}\alpha_{wb} + \frac{S_t}{S}C_{La_t}\left(1 - \frac{\partial\varepsilon}{\partial\alpha}\right)\alpha_{wb} + \frac{S_t}{S}C_{La_t}(-\varepsilon_0 + i_t) \\
&\triangleq C_{L0} + a\alpha_{wb}
\end{aligned}
\tag{4-21}
$$

式中，$C_{L0} = \dfrac{S_t}{S}C_{La_t}(-\varepsilon_0 + i_t)$，$a = \dfrac{\partial C_L}{\partial\alpha} = C_{La_{wb}}\left[1 + \dfrac{S_t}{S}\dfrac{C_{La_t}}{C_{La_{wb}}}\left(1 - \dfrac{\partial\varepsilon}{\partial\alpha}\right)\right]$

若 $C_L = a\alpha$，则 $\alpha - \alpha_{wb} = -\dfrac{S_t}{aS}C_{La_t}(\varepsilon_0 - i_t)$。$\alpha$ 为飞行器整体的当量迎角，这样做只是升力系数的平移，不影响升力系数计算大小。C_{L0} 的正负决定于 $-\varepsilon_0 + i_t$ 的符号(见图4-19)。

$$
\begin{aligned}
C_{mt} &= V_t C_{La_t}(\varepsilon_0 - i_t) - V_t C_{La_t}\left(1 - \frac{\partial\varepsilon}{\partial\alpha}\right)a_{wb} \\
&= C_{mt0} + C_{mt_{a_t}}a_{wb}
\end{aligned}
\tag{4-22}
$$

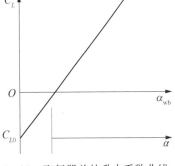

图4-19　飞行器总的升力系数曲线

对于静稳定平衡需要满足 $C_m = 0$ 和 $\dfrac{\partial C_m}{\partial\alpha} < 0$。

(1) 为了保证 $C_m = 0$，需要 $C_{m0} > 0$，可以通过调整 i_t，使增加 C_{m0}，配平飞行器。如果尾翼的安装角为正，则 $C_{L0} < 0(-\varepsilon_0 - i_t < 0)$，$C_{mt0} > 0$。尾翼具有稳定作用，又称作纵向上反角。

(2) $C_{mt_{a_t}} < 0$，有减小的 $\dfrac{\partial C_m}{\partial\alpha}$ 趋势，因此 $\dfrac{\partial C_m}{\partial\alpha} < 0$。可通过增加 l_t 和尾翼面积 S_t，或者通过增加平尾的展弦比实现增加 C_{La_t}。

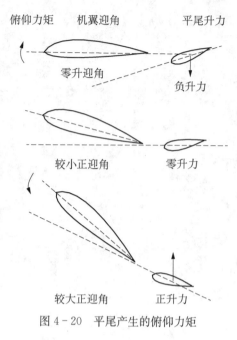

图 4-20 平尾产生的俯仰力矩

俯仰稳定力矩主要由平尾产生(见图 4-20),正常布局的飞行器平尾的安装角通常要比机翼的安装角更小。平尾可以产生俯仰稳定力矩,保持飞行器的俯仰平衡。

在正常飞行中,水平尾翼产生负升力,故水平尾翼力矩是上仰力矩。当迎角很大时,也可能会产生下俯力矩。水平尾翼产生的俯仰力矩取决于机翼迎角、升降舵偏角和流向水平尾翼的气流速度。

4.3.2.3 全机的焦点

螺旋桨的拉力或发动机的推力,其作用线若不通过飞行器重心,也会形成围绕重心的俯仰力矩。

$$C_m = C_{mwb} + C_{mt} + C_{mp} \tag{4-23}$$

$$C_m = C_{mac_{wb}} + C_{Lwb}(h - h_{n_{wb}}) \\ - V_t C_{Lt} + C_{mp} \tag{4-24}$$

令 $\overline{V}_t = \dfrac{\overline{l}_t S_t}{\overline{c} S}$,有

$$V_t = \overline{V}_t - \frac{S_t}{S}(h - h_{n_{wb}}) \tag{4-25}$$

式中 $\overline{l}_t$ 为平尾受力作用点到翼身组合体焦点的位置,如图 4-21 所示。

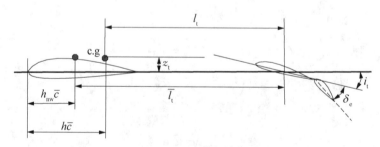

图 4-21 重心位置和气动中心位置关系

$$C_m = C_{mac_{wb}} + \left(C_{Lwb} + \frac{S_t}{S}C_{Lt}\right)(h - h_{n_{wb}}) - \overline{V}_t C_{Lt} + C_{mp} \tag{4-26}$$

$$C_m = C_{mac_{wb}} + C_L(h - h_{n_{wb}}) - \overline{V}_t C_{Lt} + C_{mp} \tag{4-27}$$

式中

$$C_L = C_{Lwb} + \frac{S_t}{S}C_{Lt}$$

$$C_{m_\alpha} = \frac{\partial C_m}{\partial \alpha} = \frac{\partial C_{mac_{wb}}}{\partial \alpha} + \frac{\partial C_L}{\partial \alpha}(h - h_{n_{wb}}) - \overline{V}_t \frac{\partial C_{Lt}}{\partial \alpha} + \frac{\partial C_{mp}}{\partial \alpha} \tag{4-28}$$

把 $\dfrac{\partial C_{\mathrm{m}}}{\partial \alpha} = 0$ 的重心位置叫做中性点，记作 $h = h_{\mathrm{n}}$，是飞行静稳定和静不稳定的边界。

通过上式可求得

$$h_{\mathrm{n}} = h_{\mathrm{n_{wb}}} - \frac{1}{C_{L_\alpha}}\left(\frac{\partial C_{\mathrm{mac_{wb}}}}{\partial \alpha} - \overline{V}_{\mathrm{t}} \frac{\partial C_{L\mathrm{t}}}{\partial \alpha} + \frac{\partial C_{\mathrm{mp}}}{\partial \alpha} \right) \tag{4-29}$$

把式(4-29)代入式(4-28)，消去 $\left(\dfrac{\partial C_{\mathrm{mac_{wb}}}}{\partial \alpha} - \overline{V}_{\mathrm{t}} \dfrac{\partial C_{L\mathrm{t}}}{\partial \alpha} + \dfrac{\partial C_{\mathrm{mp}}}{\partial \alpha} \right)$，可得

$$C_{\mathrm{m}_\alpha} = \frac{\partial C_{\mathrm{m}}}{\partial \alpha} = C_{L_\alpha}(h - h_{\mathrm{n}}) \tag{4-30}$$

因此有

$$C_{\mathrm{m}} = C_{\mathrm{mac_{wb}}} + C_{\mathrm{m}_\alpha}\alpha - \overline{V}_{\mathrm{t}} C_{L0_{\mathrm{t}}} + C_{\mathrm{m0_p}} \tag{4-31}$$

令

$$C_{\mathrm{m0}} = C_{\mathrm{mac_{wb}}} - \overline{V}_{\mathrm{t}} C_{L0_{\mathrm{t}}} + C_{\mathrm{m0_p}} \tag{4-32}$$

所以有

$$C_{\mathrm{m}} = C_{\mathrm{m0}} + C_{\mathrm{m}_\alpha}\alpha = C_{\mathrm{m0}} + C_L(h - h_{\mathrm{n}}) \tag{4-33}$$

对于静稳定性有 $h < h_{\mathrm{n}}$。重心和中性点重合时，中立稳定，因此中性点也称作焦点（气动中心），在该点气动力矩和迎角变化无关，前提是 C_{L_α} 为常值（见图 4-22）。

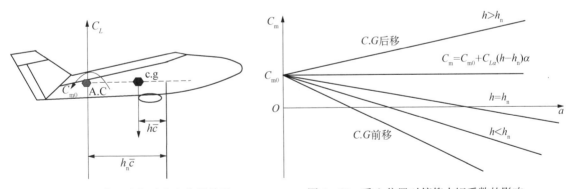

图 4-22　重心位置和气动中心位置关系　　　　图 4-23　重心位置对俯仰力矩系数的影响

由图 4-23 可见，飞行器的重心位置在气动中心的前面，飞行器具有纵向迎角静稳定性；飞行器的重心位置在气动中心的后面，飞行器不具有纵向迎角静稳定性。

4.3.2.4　升降舵的操纵

纵向运动是通过偏转升降舵，引起尾翼的升力系数变化，导致俯仰力矩的改变而实现的。在线性域内舵偏角引起的升力和俯仰力矩改变为

$$\Delta C_L = \left(\frac{\partial C_L}{\partial \delta_{\mathrm{e}}} \right)\delta_{\mathrm{e}} = C_{L_{\delta_{\mathrm{e}}}} \delta_{\mathrm{e}} \tag{4-34}$$

$$\Delta C_{\mathrm{m}} = \left(\frac{\partial C_{\mathrm{m}}}{\partial \delta_{\mathrm{e}}} \right) \delta_{\mathrm{e}} = C_{\mathrm{m}_{\delta_{\mathrm{e}}}} \delta_{\mathrm{e}} \qquad (4-35)$$

总的升力和俯仰力矩系数为

$$C_L = C_{L_a} \alpha + C_{L_{\delta_{\mathrm{e}}}} \delta_{\mathrm{e}} \qquad (4-36)$$

$$C_{\mathrm{m}} = C_{\mathrm{m}0} + C_{\mathrm{m}_a} \alpha + C_{\mathrm{m}_{\delta_{\mathrm{e}}}} \delta_{\mathrm{e}} \qquad (4-37)$$

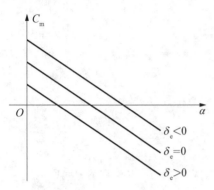

图4-24 升降舵对俯仰力矩系数的影响

式中，$C_{L_a}\alpha$ 是 $\delta_{\mathrm{e}} = 0$ 时机体产生的升力；$C_{\mathrm{m}_a}\alpha$ 是 $\delta_{\mathrm{e}} = 0$ 时机体产生的俯仰力矩；C_{m_a} 和 α 无关，$C_{\mathrm{m}_{\delta_{\mathrm{e}}}}$ 与 δ_{e} 无关，δ_{e} 只会使 C_{m} 相对于 α 的曲线平移(见图4-24)。无论是升降舵还是全动平尾产生的操纵力矩与迎角无直接关系，故舵面偏转不会影响飞行器的静稳定性，但会改变零升力距系数的大小。一个舵偏角对应一个平衡状态的迎角。

对于传统布局飞行器，有

$$\begin{aligned} C_{L_{\delta_{\mathrm{e}}}} &= \frac{\partial C_L}{\partial \delta_{\mathrm{e}}} = \frac{\partial C_{L\mathrm{wb}}}{\partial \delta_{\mathrm{e}}} + \frac{S_{\mathrm{t}}}{S} \frac{\partial C_{L\mathrm{t}}}{\partial \delta_{\mathrm{e}}} \\ &= \frac{S_{\mathrm{t}}}{S} \frac{\partial C_{L\mathrm{t}}}{\partial \delta_{\mathrm{e}}} \end{aligned} \qquad (4-38)$$

升降舵的舵效为

$$a_{\mathrm{e}} = \frac{\partial C_{L\mathrm{t}}}{\partial \delta_{\mathrm{e}}}$$

当 $\delta_{\mathrm{e}} \neq 0$ 时尾翼的升力为

$$C_{L\mathrm{t}} = C_{L_{a_{\mathrm{t}}}} \alpha_{\mathrm{t}} + a_{\mathrm{e}} \delta_{\mathrm{e}} \qquad (4-39)$$

同理

$$\begin{aligned} C_{\mathrm{m}_{\delta_{\mathrm{e}}}} &= \frac{\partial C_{\mathrm{m}}}{\partial \delta_{\mathrm{e}}} = \frac{\partial C_{\mathrm{mac\,wb}}}{\partial \delta_{\mathrm{e}}} + \frac{\partial C_L}{\partial \delta_{\mathrm{e}}}(h - h_{n_{\mathrm{wb}}}) - \overline{V}_{\mathrm{t}} \frac{\partial C_{L\mathrm{t}}}{\partial \delta_{\mathrm{e}}} + \frac{\partial C_{\mathrm{mp}}}{\partial \delta_{\mathrm{e}}} \\ &= -\overline{V}_{\mathrm{t}} \frac{\partial C_{L\mathrm{t}}}{\partial \delta_{\mathrm{e}}} + \frac{\partial C_L}{\partial \delta_{\mathrm{e}}}(h - h_{n_{\mathrm{wb}}}) \\ &= -\overline{V}_{\mathrm{t}} a_{\mathrm{e}} + C_{L_{\delta_{\mathrm{e}}}}(h - h_{n_{\mathrm{wb}}}) \\ &= -\overline{V}_{\mathrm{t}} a_{\mathrm{e}} + \frac{S_{\mathrm{t}}}{S} a_{\mathrm{e}}(h - h_{n_{\mathrm{wb}}}) \end{aligned} \qquad (4-40)$$

通常把 $C_{\mathrm{m}_{\delta_{\mathrm{e}}}}$ 叫做升降舵的操纵效能，俯仰力矩配平条件为 $C_{\mathrm{m}} = 0$。由 $C_{\mathrm{m}} = C_{\mathrm{m}0} + C_{\mathrm{m}_a}\alpha + C_{\mathrm{m}_{\delta_{\mathrm{e}}}}\delta_{\mathrm{e}}$ 得

$$\delta_{\mathrm{e}_{\mathrm{trim}}} = -\frac{C_{\mathrm{m}0} + C_{\mathrm{m}_a}\alpha_{\mathrm{trim}}}{C_{\mathrm{m}_{\delta_{\mathrm{e}}}}} \qquad (4-41)$$

升力配平条件为 $C_L = C_{L\mathrm{trim}}$。得

$$C_{L_{\mathrm{trim}}} = C_{L_a}\alpha_{\mathrm{trim}} + C_{L_{\delta_{\mathrm{e}}}}\delta_{\mathrm{e}_{\mathrm{trim}}} = C_{L_a}\alpha_{\mathrm{trim}} - \frac{C_{L_{\delta_{\mathrm{e}}}}}{C_{\mathrm{m}_{\delta_{\mathrm{e}}}}}(C_{\mathrm{m}0} + C_{\mathrm{m}_a}\alpha_{\mathrm{trim}}) \qquad (4-42)$$

则纵向运动配平值为

$$\alpha_{\text{trim}} = \frac{C_{m0} C_{L_{\delta_e}} + C_{m_{\delta_e}} C_{L_{\text{trim}}}}{C_{L_\alpha} C_{m_{\delta_e}} - C_{L_{\delta_e}} C_{m_\alpha}} \tag{4-43}$$

$$\delta_{e_{\text{trim}}} = -\frac{C_{m0} C_{L_\alpha} + C_{m_\alpha} C_{L_{\text{trim}}}}{C_{L_\alpha} C_{m_{\delta_e}} - C_{L_{\delta_e}} C_{m_\alpha}} \tag{4-44}$$

4.3.3 横侧向静稳定性和副翼操纵

飞行器绕机体纵轴滚转产生的气动力和力矩与由于迎角和侧滑角产生的气动力和力矩有本质不同。首先,当飞行器的轴线和来流速度方向一致时,飞行器滚转一个角度,由于对称性其所受的气动力大小和气动力矩不变,但升力的方向改变,这时飞行器的滚转刚度 $\frac{\partial C_l}{\partial \phi} = C_{l\phi} = 0$;当机体轴线和空速方向不一致时,由于迎角不为零,飞行器绕其纵轴滚转 ϕ 角度,会产生侧滑角 β,可由坐标变换导出:

$$\beta = \arcsin(\sin\alpha\sin\phi) \tag{4-45}$$

飞行器滚转时,产生滚转力矩增量为

$$\Delta C_l = C_{l\beta}\beta = C_{l\beta}\arcsin(\sin\alpha\sin\phi) = C_{l\beta}\alpha\phi \tag{4-46}$$

则飞行器的滚转刚度 $C_{l\phi} = \frac{\partial C_l}{\partial \phi} = C_{l\beta}\alpha$。如果 $C_{l\beta} < 0$:当 $\alpha > 0$ 时,$C_{l\phi} < 0$,是静稳定性的;当 $\alpha = 0$,滚转刚度为零;当 $\alpha < 0$,则 $C_{l\phi} > 0$,飞行器将转到 $\phi = 180°$,在这个位置 $\alpha > 0$ 且 $C_{l\phi}$ 为负。因此横向静稳定性决定于 $C_{l\beta}$(见图 4-25)。

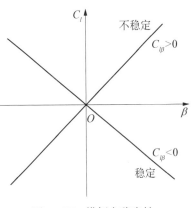

图 4-25 横侧向稳定性

横向静稳定性是由于飞行器受到扰动,绕机体 x 轴转动,产生了滚转角 $\phi > 0$,从而造成侧滑时,如果产生恢复力矩,要求 $\frac{\partial C_l}{\partial \beta} = C_{l\beta} < 0$,滚转力矩通过减小 β,进而减小 ϕ。

4.3.3.1 上反角产生的滚转力矩

横侧稳定力矩主要由侧滑中机翼的上反角和后掠角产生。机翼上下位置和垂尾也能够使机翼产生横侧稳定力矩。$C_{l\beta}$ 主要由机翼的上反角决定,它决定翼弦平面的弯曲度,如果翼尖比翼根高,则上反角是正的,否则为负。

当飞行器稳定飞行时,如果有一阵风吹到飞行器右翼上,使右翼抬起,左翼下沉,飞行器向左侧滑,在横侧向产生相对气流 v_w,方向向右,由于上反角的存在,侧向相对气流 v_w 在左翼产生向上的气流分量 v_{w1},在右翼产生向下的气流分量 v_{w2}。飞行器前进方向的相对气流 V_R 在左右翼分别变成 V'_{R1} 和 V'_{R2},变化后的相对气流与左翼翼弦所形成的迎角要大于右翼的迎角,因此左翼产生的升力 L_1 也大于右翼的升力 L_2（见图 4-26）。这两个力的差对飞行器重心产生了一个恢复力矩 M，经过短时间的两侧摇摆后就使飞行器恢复到原来的飞行状态。上反角越大，飞行器的侧向稳定性就越好。相反，下反角则起侧向不稳定的作用。

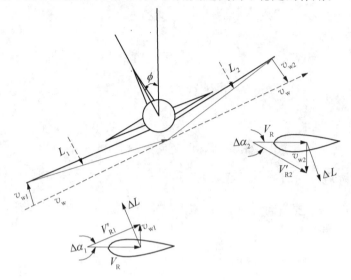

图 4-26　上反角的横向稳定作用

现代飞行器机翼的上反角大约在 $7°\sim-10°$ 之间。有的飞行器要采用负上反角即下反角，这是因为机翼的后掠角也有侧向稳定的作用，如果后掠角的稳定作用过大，使飞行器不容易操纵的时候，就要采用下反角来抵消一部分后掠角的侧向稳定作用。

4.3.3.2　后掠角产生的滚转力矩

现在再来看机翼后掠角是怎样起侧向稳定作用的。一架后掠翼飞行器原来处于稳定飞行

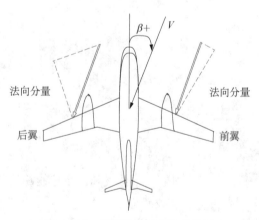

图 4-27　后掠角的横向稳定作用

状态。当阵风从下面向上吹到左翼上的时候，破坏了稳定飞行，飞行器左翼上扬，右翼下沉，机翼向右侧倾，升力也随着侧倾，同样使飞行器向右下方发生侧滑。阵风消失后飞行器沿侧滑方向飞行，由于后掠角的存在，虽然相对机翼的气流速度在两边机翼上是一样的，但是决定升力大小的是垂直于机翼前缘的实际有效速度，该速度在右翼的分量大，而在左翼的分量小。所以右翼的升力大于左翼的升力，两者之差构成恢复力矩，正好使机翼向原来的位置转过去。这样经过短时间的摇摆，飞行器最后便恢复到原先的飞行状态（见图 4-27）。

4.3.3.3　其他横侧稳定力矩

侧滑中，垂尾产生的侧力对重心形成的滚转力矩也是横侧稳定力矩（见图 4-28）。上单翼布局的飞行器，在侧滑扰动运动时，围绕机体的气流同样会改变左右机翼相对气流迎角的大

小,产生稳定的滚转力矩;下单翼布局的飞行器,在侧滑扰动运动时,围绕机体的气流改变左右机翼相对气流迎角的大小,产生不稳定的滚转力矩(见图4-29)。

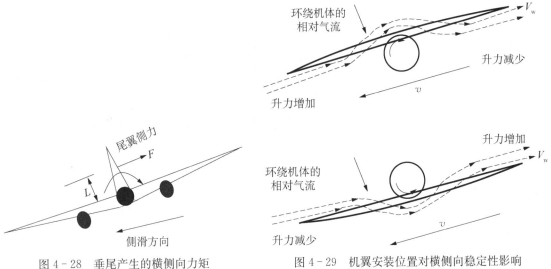

图 4-28 垂尾产生的横侧向力矩   图 4-29 机翼安装位置对横侧向稳定性影响

4.3.3.4 副翼的滚转控制

滚转控制:通过左右副翼反对称偏转,使左右两翼产生升力差,实现滚转力矩。如图4-30所示,副翼平均偏转角度 $\delta_a = \frac{1}{2}(\delta_{a1} + \delta_{a2})$,$\delta_{a1}$ 和 δ_{a2} 分别为左、右副翼偏转角度,当右面副翼向下摆动取为正,因此 $\frac{\partial C_l}{\partial \delta_a} < 0$。当副翼运动,在左右翼产生不同的阻力,因此产生偏航力矩。这个偏航力矩通常阻止滚转产生的偏航,称作逆偏航。扰流片是安装在机翼展向可移动的效的表面,用来减弱或消除逆偏航。升起的一面可以减少升力增加阻力(见图4-31)。

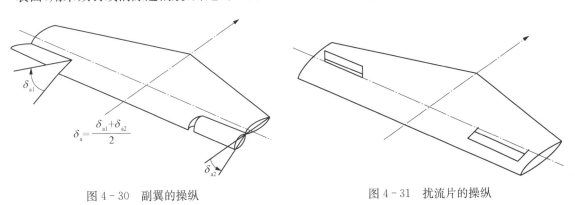

图 4-30 副翼的操纵   图 4-31 扰流片的操纵

4.3.4 方向静稳定性和方向舵操纵

飞行器绕垂直轴的稳定叫方向稳定(又叫航向稳定)。

方向静稳定性条件:飞行器受到扰动,绕机体 z 轴转动,产生了侧滑角,从而造成侧滑时,如果由于侧滑角引起的偏航力矩力图使飞行器对准来流,消除侧滑角,飞行器就具有方向静稳定性。

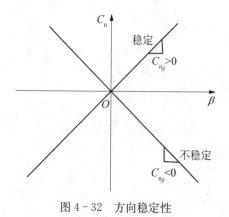

图 4-32　方向稳定性

$$C_n = \frac{N}{QS\bar{c}}, \ \frac{\partial C_n}{\partial \beta} = C_{n_\beta} > 0 \qquad (4-47)$$

方向静稳定性不代表飞行器保持航向不变的特性，仅代表消除侧滑，使飞行器对称面与飞行速度方向一致的特性，其作用犹如风标，亦称风标稳定性（见图 4-32）。

4.3.4.1　垂尾产生的方向力矩和方向舵的操纵

图 4-33 给出了飞行器垂尾和方向舵的作用示意。飞行器方向静稳定性主要由姿态偏转改变受力情况，飞行器向前飞行，如果阵风扰动从机头右侧方吹来，则合成相对气流从飞行器的右侧前方吹来，飞行器轴线与来流方向之间产生侧滑角，这时相对气流吹到飞行器垂尾上，产生向左的附加力 F。这个力绕飞行器重心产生向右的恢复力矩 M，使机头向右偏，消除侧滑角，对准来流方向。垂尾的迎角为 $\alpha_f = \beta + \sigma$，$\sigma$ 为侧洗流产生的侧洗角。垂尾的升力表示为

$$L_f = \frac{1}{2}\rho V_f^2 S_f C_{L_f} \qquad (4-48)$$

$$C_{L_f} = a_f\alpha_f + a_r\delta_r = a_f(\beta + \sigma) + a_r\delta_r \qquad (4-49)$$

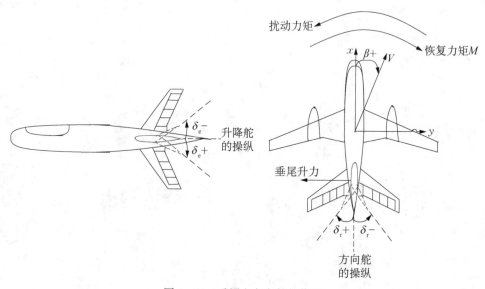

图 4-33　垂尾和方向舵的作用

其中，Q_f 为垂尾点动压；S_f 为垂尾的面积；C_{L_f} 为垂尾升力系数；a_f 为垂尾翼面升力系数斜率；α_f 为垂尾的迎角，方向与侧滑角相同；σ 为侧洗角，相对于 y 轴反方向的气流定义为正；β 为侧滑角；a_r 为方向舵的升力系数斜率，称为方向舵舵效。

如果是 l_f 垂尾的气动中心到飞行器重心的距离,并假设很小的 α_f,则总的偏航力矩可以近似为

$$N = -l_f L_f = -l_f Q_f S_f C_{Lf}$$
$$\Rightarrow C_n = \frac{N}{QS\bar{c}} = -C_{Lf}\frac{S_f l_f}{S\bar{c}}\frac{Q_f}{Q} = -V_f \frac{Q_f}{Q}C_{Lf} \tag{4-50}$$

$V_f = \dfrac{S_f l_f}{S\bar{c}}$ 为垂尾和机翼面积的体积比,类似于 $V_t = \dfrac{l_t S_t}{S\bar{c}}$。

$$\frac{\partial C_n}{\partial \beta} = -V_f \frac{Q_f}{Q}\frac{\partial C_{Lf}}{\partial \beta} = -V_f a_f \frac{Q_f}{Q}\left(1 + \frac{\partial \sigma}{\partial \beta}\right) \tag{4-51}$$

$$\frac{\partial C_n}{\partial \delta_r} = C_{n_{\delta_r}} = -V_f \frac{Q_f}{Q}\frac{\partial C_{Lf}}{\partial \delta_r} = -\frac{Q_f}{Q}V_f a_r \tag{4-52}$$

式中,a_r 为方向舵的舵效;$C_{n_{\delta_r}}$ 为方向舵操纵效能。垂尾面积越大,方向稳定力矩越大。

4.3.4.2　其他方向稳定力矩

上反角的方向稳定作用:当飞行器产生向左侧侧滑,相对扰动气流向右,使侧滑前翼产生附加的上升气流,机翼迎角增加,阻力加大,而侧滑后翼产生附加的下降气流,机翼迎角减小,阻力减小,从而产生减小侧滑的方向稳定力矩。

后掠角的方向稳定作用:后掠翼的阻力与垂直于机翼的前缘的相对气流大小相关。飞行器产生向左侧侧滑,由于后掠角的存在,使侧滑前翼的相对气流有效分速大,因而阻力更大,从而产生减小侧滑的方向稳定力矩。后掠翼的阻力比非后掠翼的阻力要小,在高速飞行时有很大优势,但在低速飞行时飞行品质较差。

机身以及背鳍和腹鳍也可以产生方向稳定力矩。

4.4　飞艇的静稳定性

飞艇在空间飞行时,经常会受到各种不可预测的扰动,如外界风场扰动(飞艇的飞行速度较慢,这种扰动更明显)、副气囊充放气、发动机推力脉动等。这些扰动都会使飞艇的飞行状态发生改变。因此需要对飞艇在受到扰动后,自动恢复原状态的能力,即飞艇的稳定性进行分析。

对于飞艇来说,静稳定性主要是迎角和侧滑角的静稳定性。对于一般布局的飞艇,其重心通常在体心下部,具有重力的恢复力矩,因此飞艇具有纵向稳定性。下面研究飞艇的外形气动特性以及气动稳定性。

4.4.1　飞艇的纵向静稳定性

飞艇的纵向静稳定性主要研究其在配平状态下的纵向俯仰力矩特性问题。虽然定速是一种理想情况,迎角变化后,会影响阻力变化,但扰动初期速度变化不大可以忽略,因此讨论迎角静稳定性仍具有实际意义。

与常规飞行器类似,飞艇是否具有迎角静稳定性,取决于其纵向俯仰力矩系数 C_{m_α} 随 α 的变化特性,当 $C_{m_\alpha} < 0$ 时,飞艇具有迎角静稳定性;$C_{m_\alpha} > 0$ 时,飞艇为迎角静不稳定;而 $C_{m_\alpha} = 0$ 时,飞艇为中立静稳定。

下面以某飞艇为例,对其纵向静稳定性进行分析。通过 Fluent 计算得到该飞艇的纵向气动特性如图 4-34 和图 4-35 所示。

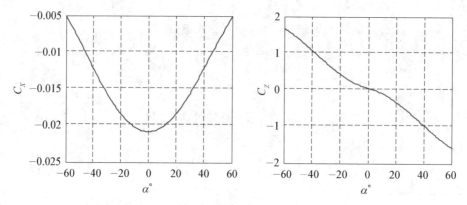

图 4-34　机体坐标系 C_x 和 C_z 随迎角的变化

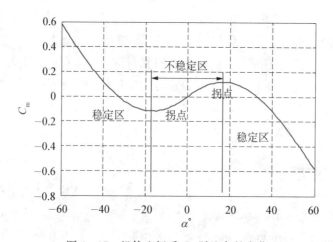

图 4-35　机体坐标系 C_m 随迎角的变化

当迎角配平迎角位于不稳定区域内($C_{m_\alpha} > 0$),在扰动条件下飞艇是不稳定的;当迎角配平迎角位于稳定区域内($C_{m_\alpha} < 0$),在有扰动的条件下飞艇是稳定的。当迎角配平迎角位于拐点处时($C_{m_\alpha} = 0$),如果存在迎角增大的扰动,飞艇会稳定,但如果存在迎角减小的变化时,飞艇会不稳定。

4.4.2　飞艇的横侧向静稳定性

由于飞艇外形的对称性,其纵向和横向稳定性非常类似,偏航力矩系数随侧滑角变化与俯仰力矩系数随迎角规律一样,如图 4-36 和图 4-37 所示,故其静稳定性也相同。

当平衡侧滑角位于不稳定区域内时($C_{n_\beta} < 0$),在扰动条件下飞艇是不稳定的;当平衡侧

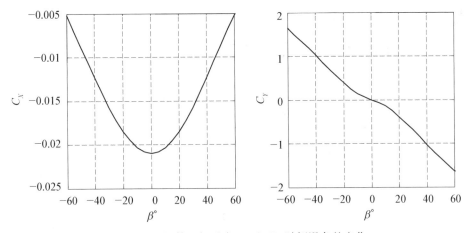

图 4-36　机体坐标系中 C_X 和 C_Y 随侧滑角的变化

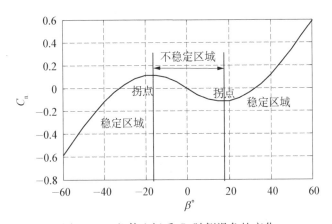

图 4-37　机体坐标系 C_n 随侧滑角的变化

滑角位于稳定区域内时($C_{n_\beta} > 0$),在有扰动的条件下飞艇是稳定的;当平衡侧滑角位于最大极值点处时($C_{n_\beta} = 0$),如果存在侧滑角增大的扰动,飞艇会稳定,但是如果存在侧滑角变小的扰动,飞艇会不稳定。

　　通过以上分析可见飞艇的稳定性特征如下:在相同的气动力矩条件下,可以得到两个对应的迎角(侧滑角)拐点,如果平衡点选择在不稳定区域中的小迎角(小侧滑角)处,那么在外界扰动情况下,由于该点的不稳定性,会使飞艇运动到稳定区域的大迎角(大侧滑角)点处稳定下来,这时的迎角(侧滑角)很大。故在飞艇设计时尽量使拐点处对应的迎角(侧滑角)的绝对值减小,从而扩大稳定区域的范围。

　　在设计的过程中,影响拐点位置的因素有:尾翼的安装位置和尾翼尺寸的大小。尾翼的安装位置远离机体坐标系原点和增大尾翼尺寸可以减小拐点对应的迎角,从而增大稳定区域的范围。飞艇艇身外形对拐点位置也会有一定的影响。

5 飞行器的动力学方程

正确分析飞行器运动时所受的外力及力矩,是依据理论力学进行机理建模的关键,本章将详细讨论飞行器在空中的受力情况,进而建立飞行器动力学方程的通用表达式,并给出非线性方程的线性化结果。

5.1 飞行器的受力分析

飞行器所受的外力大致分为 4 类:其一是由于飞行器惯性引起的流体惯性力,其大小与飞行器运动的加速度有关,飞艇由于庞大的体积并且内部充满一定的浮升气体,飞艇本体密度和空气大约在一个量级上,所以流体惯性力不可忽略,飞机由于密度较大,且体积相对较小,因此忽略其所受的流体惯性力;其二是飞行器表面分布的气动压力,又称空气动力,其大小与飞行速度的平方成比例;其三是螺旋桨或发动机的推力;其四是静力,这里指重力和浮力。飞艇的布局和机体坐标系如图 5-1 所示。

为简化起见,引入关于飞行器运动的几点假设:

(1) 飞行器的体积中心与浮心(浮力作用点)重合。

(2) 飞行器具有对称平面 xoz,并且重心在对称平面内。

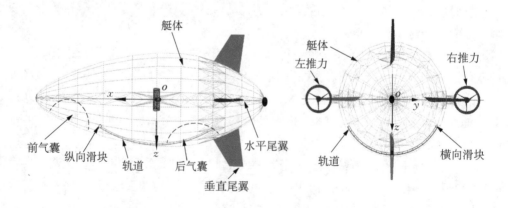

图 5-1 飞艇的布局和机体坐标系

5.1.1 流体惯性力、惯性力矩及附加质量

飞艇运动导致周围空气的运动,周围空气对浮空器的反作用力称作流体惯性力。流体惯性力通常采用附加质量来表示,附加质量 m_{ij} 可以理解为在 i 方向以单位加速度运动时在 j 方向的附加的质量和附加的惯量,即 m_{ij} 是物体在理想流体中以单位加速度运动时所受的流体惯性力。附加质量 m_{ij} 恒取正值,同时规定沿 x、y、z 方向的移动用 1、2、3 表示;绕 x、y、z 方向的转动用 4、5、6 表示。

一个任意形状的物体运动时共有 36 个附加质量,而且 m_{ij} 只取决于物体的形状和坐标轴的选择,而与物体的运动情况无关。由势流理论可以证明 $m_{ij} = m_{ji}$,$(i, j = 1, 2, \cdots, 6)$,飞艇的附加质量矩阵为

$$\boldsymbol{M}_{\text{add}} = \begin{bmatrix} m_{11} & m_{12} & m_{13} & m_{14} & m_{15} & m_{16} \\ m_{21} & m_{22} & m_{23} & m_{24} & m_{25} & m_{26} \\ m_{31} & m_{32} & m_{33} & m_{34} & m_{35} & m_{36} \\ m_{41} & m_{42} & m_{43} & m_{44} & m_{45} & m_{46} \\ m_{51} & m_{52} & m_{53} & m_{54} & m_{55} & m_{56} \\ m_{61} & m_{62} & m_{63} & m_{64} & m_{65} & m_{66} \end{bmatrix} \tag{5-1}$$

由流体力学原理可知,刚体在无边际理想流体中流动时,流体扰动运动的动能为

$$E = \frac{1}{2} \sum_{i=1}^{6} \sum_{j=1}^{6} m_{ij} v_i v_j (i, j = 1, 2, \cdots, 6) \tag{5-2}$$

式中,$v_1 = u$,$v_2 = v$,$v_3 = w$,$v_4 = p$,$v_5 = q$,$v_6 = r$,将上式展开,得

$$\begin{aligned} E = \frac{1}{2} \big[& m_{11} u^2 + m_{22} v^2 + m_{33} w^2 + 2m_{12} uv + 2m_{23} vw + 2m_{13} wu + \\ & m_{44} p^2 + m_{55} q^2 + m_{66} r^2 + 2m_{45} pq + 2m_{56} qr + 2m_{46} rp + \\ & 2(m_{14} u + m_{24} v + m_{34} w) p + \\ & 2(m_{15} u + m_{25} v + m_{35} w) q + \\ & 2(m_{16} u + m_{26} v + m_{34} w) r \big] \end{aligned} \tag{5-3}$$

而流体扰动运动的动量及动量矩 C_i 与动能 E 有如下关系:

$$C_i = \frac{\partial E}{\partial v_i} (i = 1, 2, \cdots, 6) \tag{5-4}$$

式中,$\boldsymbol{C} = \begin{bmatrix} C_1 & C_2 & C_3 \end{bmatrix}^{\text{T}}$ 是动量;$\boldsymbol{D} = \begin{bmatrix} C_4 & C_5 & C_6 \end{bmatrix}^{\text{T}}$ 是动量矩,代入得

$$\begin{aligned} C_1 &= m_{11} u + m_{12} v + m_{13} w + m_{14} p + m_{15} q + m_{16} r \\ C_2 &= m_{22} v + m_{12} u + m_{23} w + m_{24} p + m_{25} q + m_{26} r \\ C_3 &= m_{33} w + m_{23} v + m_{13} u + m_{34} p + m_{35} q + m_{36} r \\ C_4 &= m_{44} p + m_{45} q + m_{46} r + m_{14} u + m_{24} v + m_{34} w \\ C_5 &= m_{55} q + m_{45} p + m_{56} r + m_{15} u + m_{25} v + m_{35} w \\ C_6 &= m_{66} r + m_{56} q + m_{46} p + m_{16} u + m_{26} v + m_{36} w \end{aligned} \tag{5-5}$$

根据理论力学原理,作用于飞艇体心的流体惯性力 T_I 和惯性力矩 M_I 在机体坐标系中可表示为

$$T_I = -\frac{\mathrm{d}C}{\mathrm{d}t} = -\left(\frac{\mathrm{d}\tilde{C}}{\mathrm{d}t} + \omega \times C\right) \tag{5-6}$$

$$M_I = -\frac{\mathrm{d}D}{\mathrm{d}t} = -\left(\frac{\mathrm{d}\tilde{D}}{\mathrm{d}t} + \omega \times D + V \times C\right) \tag{5-7}$$

式中,$\dfrac{\mathrm{d}C}{\mathrm{d}t}$、$\dfrac{\mathrm{d}D}{\mathrm{d}t}$ 分别为向量对于定系(惯性坐标系)的绝对导数;$\dfrac{\mathrm{d}\tilde{C}}{\mathrm{d}t}$、$\dfrac{\mathrm{d}\tilde{D}}{\mathrm{d}t}$ 分别为向量对于动系(机体坐标系)的相对导数;ω 为动系转动的角速度;V 为动系移动的线速度;$V \times C$ 是动系的移动使动量矩的臂增加引起的增量。

流体惯性力 T_I 和惯性力矩 M_I 在机体系上的投影可以表示为 $T_I = [X_I \quad Y_I \quad Z_I]^{\mathrm{T}}$,$M_I = [L_I \quad M_I \quad N_I]^{\mathrm{T}}$,且有

$$
\begin{aligned}
X_I &= -m_1 \cdot \dot{x} - m_3 \cdot x \cdot q + m_2 \cdot x \cdot r \\
Y_I &= -m_2 \cdot \dot{x} - m_1 \cdot x \cdot r + m_3 \cdot x \cdot p \\
Z_I &= -m_3 \cdot \dot{x} - m_2 \cdot x \cdot p + m_1 \cdot x \cdot q \\
L_I &= -m_4 \cdot \dot{x} - m_6 \cdot x \cdot q + m_5 \cdot x \cdot r - m_3 \cdot x \cdot v + m_2 \cdot x \cdot w \\
M_I &= -m_5 \cdot \dot{x} - m_4 \cdot x \cdot r + m_6 \cdot x \cdot p - m_1 \cdot x \cdot w + m_3 \cdot x \cdot u \\
N_I &= -m_6 \cdot \dot{x} - m_5 \cdot x \cdot p + m_4 \cdot x \cdot q - m_2 \cdot x \cdot u + m_1 \cdot x \cdot v
\end{aligned}
\tag{5-8}
$$

式中,

$$
\begin{aligned}
m_i &= [m_{i1},\, m_{i2},\, m_{i3},\, m_{i4},\, m_{i5},\, m_{i6}] \quad i = 1,\, \cdots,\, 6 \\
x &= [u,\, v,\, w,\, p,\, q,\, r]^{\mathrm{T}}
\end{aligned}
\tag{5-9}
$$

假设飞艇具有对称平面 xoz,则飞艇平行对称面运动时,周围流场也是关于 xoz 对称,则飞艇所受的流体合力必位于 xoz 平面内,所以合力在 y 轴投影为零,合力矩对 ox 和 oz 轴的力矩为零,所以 $\dot{u}$,$\dot{w}$,$\dot{q}$ 加速度不会产生 Y、L、N 方向的力,因此所有 $i+j=$ 奇数的 18 个系数都为零;只考虑飞艇的外形和尾翼,不考虑吊舱时,艇体上下大体对称,飞艇关于 xoy 平面对称,所以 $\dot{u}$,$\dot{v}$,$\dot{r}$ 加速度不会产生 Z、L、M 方向的力,因此 m_{13},m_{15},m_{24},m_{46} 很小,可以忽略;飞艇关于 xoz 和 xoy 对称有 $m_{22} = m_{33}$ 和 $m_{55} = m_{66}$。考虑到 $m_{ij} = m_{ji}$,因此只有 14 个流体惯性力项不为零,其中独立的系数有 10 个:

$$
\begin{aligned}
X_I(\dot{u},\, v,\, w,\, q,\, r) &= -m_{11}\dot{u} \\
Y_I(\dot{v},\, u,\, w,\, p,\, r) &= -m_{22}\dot{v} - m_{24}\dot{p} - m_{26}\dot{r} \\
Z_I(\dot{w},\, u,\, v,\, p,\, q) &= -m_{33}\dot{w} - m_{35}\dot{q} \\
L_I(\dot{p},\, v,\, w,\, q,\, r) &= m_{42}\dot{v} - m_{44}\dot{p} - m_{46}\dot{r} \\
M_I(\dot{q},\, u,\, w,\, p,\, r) &= -m_{55}\dot{q} - m_{53}\dot{w} \\
N_I(\dot{r},\, u,\, v,\, p,\, q) &= -m_{62}\dot{v} - m_{64}\dot{p} - m_{66}\dot{r}
\end{aligned}
\tag{5-10}
$$

5.1.2 空气动力和空气动力矩

作用在飞行器上的总的空气动力和力矩在机体坐标系下可分解为

$$\boldsymbol{T}_A = [X_A, Y_A, Z_A]^T \tag{5-11}$$

$$\boldsymbol{M}_A = [L_A, M_A, N_A]^T \tag{5-12}$$

其中每一项用如下表达式计算：

$$X_A = (C_X + C_{X_u}u + C_{X_v}v + \cdots + C_{X_p}p + C_{X_q}q + \cdots C_{X_{\delta_a}}\delta_a + C_{X_{\delta_e}}\delta_e + \cdots)QS_{ref}$$

$$Y_A = (C_Y + C_{Y_u}u + C_{Y_v}v + \cdots + C_{Y_p}p + C_{Y_q}q + \cdots C_{Y_{\delta_a}}\delta_a + C_{Y_{\delta_e}}\delta_e + \cdots)QS_{ref}$$

$$Z_A = (C_Z + C_{Z_u}u + C_{Z_v}v + \cdots + C_{Z_p}p + C_{Z_q}q + \cdots C_{Z_{\delta_a}}\delta_a + C_{Z_{\delta_e}}\delta_e + \cdots)QS_{ref}$$

$$\tag{5-13}$$

$$L_A = (C_l + C_{l_u}u + C_{l_v}v + \cdots C_{l_p}p + C_{l_q}q + \cdots + C_{l_{\delta_a}}\delta_a + C_{l_{\delta_e}}\delta_e + \cdots)QS_{ref}L_{ref}$$

$$M_A = (C_m + C_{m_u}u + C_{m_v}v + \cdots C_{m_p}p + C_{m_q}q + \cdots + C_{m_{\delta_a}}\delta_a + C_{m_{\delta_e}}\delta_e + \cdots)QS_{ref}L_{ref}$$

$$N_A = (C_n + C_{n_u}u + C_{n_v}v + \cdots C_{n_p}p + C_{n_q}q + \cdots + C_{n_{\delta_a}}\delta_a + C_{n_{\delta_e}}\delta_e + \cdots)QS_{ref}L_{ref}$$

$$\tag{5-14}$$

这里 C_X、C_Y、C_Z、C_l、C_m 和 C_n 分别代表飞行器本体的外形和各类翼面在初始安装位置产生的气动力和力矩系数，与飞行的气流角有关；C_{X_p}，C_{Z_q} 和 C_{n_q} 等分别代表角速度引起的气动阻尼力系数；C_{Z_u}、C_{Y_v} 和 C_{m_v} 等代表线速度引起的气动系数项；$C_{Y_{\delta_a}}$、$C_{Z_{\delta_e}}$ 和 $C_{n_{\delta_e}}$ 等代表执行机构的操纵力系数项；S_{ref} 为飞行器的参考面积，L_{ref} 为飞行器的参考长度。

5.1.3 推力和推力矩

飞机的发动机通常固定角度安装，而飞艇安装的侧向推力螺旋桨通常可以在某一平面内摆动，称为矢量推力。固定方向的发动机只能改变力的大小，而矢量推力可以改变力的大小和方向。下面给出矢量推力在机体坐标系下的分解表达式。

(1) 尾推 $\boldsymbol{T}_w$ 在机体坐标系下的分解，假设非矢量尾推与飞行器的纵轴线重合，有

$$\begin{aligned}
\boldsymbol{T}_w &= [X_{Tw}, Y_{Tw}, Z_{Tw}]^T \\
X_{Tw} &= T_w \\
Y_{Tw} &= 0 \\
Z_{Tw} &= 0
\end{aligned} \tag{5-15}$$

(2) 左侧矢量推力 $\boldsymbol{T}_{cl}$ 在机体坐标系下分解为

$$\begin{aligned}
\boldsymbol{T}_{cl} &= [X_{Tcl}, Y_{Tcl}, Z_{Tcl}]^T \\
X_{Tcl} &= T_{cl}\cos\delta_{cl} \\
Y_{Tcl} &= 0 \\
Z_{Tcl} &= -T_{cl}\sin\delta_{cl}
\end{aligned} \tag{5-16}$$

（3）左侧矢量推力力矩 $\boldsymbol{M}_{Tcl}$ 在机体坐标系下分解为

$$\boldsymbol{M}_{Tcl} = \boldsymbol{r}_{Tcl} \times \boldsymbol{T}_{cl} = [L_{Tcl} \quad M_{Tce} \quad N_{Tce}]^{\mathrm{T}}$$

$$\begin{bmatrix} L_{Tcl} \\ M_{Tcl} \\ N_{Tcl} \end{bmatrix} = \begin{bmatrix} -y_{Tcl}T_{cl}\sin\delta_{cl} \\ T_{cl}(z_{Tcl}\cos\delta_{cl} + x_{Tcl}\sin\delta_{cl}) \\ -y_{Tcl}T_{cl}\cos\delta_{cl} \end{bmatrix} \tag{5-17}$$

式中，$\boldsymbol{r}_{Tcl} = [x_{Tcl}, y_{Tcl}, z_{Tcl}]^{\mathrm{T}}$ 为左侧矢量推力在机体坐标系下的安装位置，δ_{cl} 为左侧螺旋桨的矢量转角。

（4）右侧矢量推力 $\boldsymbol{T}_{cr}$ 在机体坐标系下分解为

$$\boldsymbol{T}_{cr} = [X_{Tcr}, Y_{Tcr}, Z_{Tcr}]^{\mathrm{T}}$$

$$X_{Tcr} = T_{cr}\cos\delta_{cr}$$

$$Y_{Tcr} = 0 \tag{5-18}$$

$$Z_{Tcr} = -T_{cr}\sin\delta_{cr}$$

（5）右侧矢量推力矩 $\boldsymbol{M}_{Tcr}$ 在机体坐标系下分解为

$$\boldsymbol{M}_{Tcr} = \boldsymbol{r}_{Tcr} \times \boldsymbol{T}_{cr} = [L_{Tcr} \quad M_{Tcr} \quad N_{Tcr}]^{\mathrm{T}}$$

$$\begin{bmatrix} L_{Tcr} \\ M_{Tcr} \\ N_{Tcr} \end{bmatrix} = \begin{bmatrix} -y_{Tcr}T_{cr}\sin\delta_{cr} \\ T_{cr}(z_{Tcl}\cos\delta_{cr} + x_{Tcr}\sin\delta_{cr}) \\ -y_{Tcr}T_{cr}\cos\delta_{cr} \end{bmatrix} \tag{5-19}$$

式中，$\boldsymbol{r}_{Tcr} = [x_{Tcr}, y_{Tcr}, z_{Tcr}]^{\mathrm{T}}$ 为右侧矢量推力在机体坐标系下的安装位置，δ_{cr} 为右侧螺旋桨的矢量转角。

5.1.4 重力、浮力和力矩

重力与浮力的方向始终垂直于地面，在惯性系中重力与浮力可以被转换到机体系中：

$$\boldsymbol{T}_G = \begin{bmatrix} X_G \\ Y_G \\ Z_G \end{bmatrix} = \begin{bmatrix} -G\sin\vartheta \\ G\cos\vartheta\sin\phi \\ G\cos\vartheta\cos\phi \end{bmatrix} \tag{5-20}$$

$$\boldsymbol{T}_B = \begin{bmatrix} X_B \\ Y_B \\ Z_B \end{bmatrix} = \begin{bmatrix} B\sin\vartheta \\ -B\cos\vartheta\sin\phi \\ -B\cos\vartheta\cos\phi \end{bmatrix} \tag{5-21}$$

由于机体系的坐标原点选在浮心，因此浮力力矩为

$$\boldsymbol{M}_B = [L_B \quad M_B \quad N_B]^{\mathrm{T}} = [0 \quad 0 \quad 0]^{\mathrm{T}} \tag{5-22}$$

而重力力矩为

$$\boldsymbol{M}_G = \boldsymbol{R}_G \times \boldsymbol{T}_G = \begin{bmatrix} L_G(\vartheta, \phi) \\ M_G(\vartheta, \phi) \\ N_G(\vartheta, \phi) \end{bmatrix} = \begin{bmatrix} y_G G\cos\vartheta\cos\phi - z_G G\cos\vartheta\sin\phi \\ -z_G G\sin\vartheta - x_G G\cos\vartheta\cos\phi \\ x_G G\cos\vartheta\sin\phi + y_G G\sin\vartheta \end{bmatrix} \tag{5-23}$$

式中 $\boldsymbol{R}_G = [x_G, y_G, z_G]^T$ 为飞艇重心在机体系中的位置。综上所述飞行器通用受外力和力矩表达式为

$$
\begin{aligned}
X &= X_B + X_G + X_A + X_I + X_{Tw} + X_{Tcl} + X_{Tcr} \\
Y &= Y_B + Y_G + Y_A + Y_I + Y_{Tw} + Y_{Tcl} + Y_{Tcr} \\
Z &= Z_B + Z_G + Z_A + Z_I + Z_{Tw} + Z_{Tcl} + Z_{Tcr}
\end{aligned}
\tag{5-24}
$$

$$
\begin{aligned}
L &= L_B + L_G + L_A + L_I + L_{Tw} + L_{Tcl} + L_{Tcr} \\
M &= M_B + M_G + M_A + M_I + M_{Tw} + M_{Tcl} + M_{Tcr} \\
N &= N_B + N_G + N_A + N_I + N_{Tw} + N_{Tcl} + N_{Tcr}
\end{aligned}
\tag{5-25}
$$

5.2　刚体动力学方程

对飞行器运动学方程(2-7)两边求导得 P 点在机体坐标系下加速度 $\dot{\boldsymbol{V}}_{P_B}$ 和在惯性坐标系下加速度 $\dot{\boldsymbol{V}}_{P_I}$ 的关系式为

$$
\begin{aligned}
\dot{\boldsymbol{V}}_{P_I} &= \boldsymbol{R}_{IB}(\dot{\boldsymbol{V}}_0 + \dot{\boldsymbol{\omega}} \times \boldsymbol{O}_B\boldsymbol{P} + \boldsymbol{\omega} \times \boldsymbol{O}_B\dot{\boldsymbol{P}}) + \dot{\boldsymbol{R}}_{IB}(\boldsymbol{V}_0 + \boldsymbol{\omega} \times \boldsymbol{O}_B\boldsymbol{P}) \\
&= \boldsymbol{R}_{IB}[\dot{\boldsymbol{V}}_0 + \dot{\boldsymbol{\omega}} \times \boldsymbol{O}_B\boldsymbol{P} + \boldsymbol{\omega} \times \boldsymbol{O}_B\dot{\boldsymbol{P}} + \boldsymbol{\omega} \times (\boldsymbol{V}_0 + \boldsymbol{\omega} \times \boldsymbol{O}_B\boldsymbol{P})]
\end{aligned}
\tag{5-26}
$$

上式两边分别乘以飞行器的质量,得

$$
\boldsymbol{F}_I = m\dot{\boldsymbol{V}}_{P_I} = \boldsymbol{R}_{IB}m\dot{\boldsymbol{V}}_{P_B} = \boldsymbol{R}_{IB}\boldsymbol{F}_B
\tag{5-27}
$$

因此有

$$
\boldsymbol{F}_B = m\left(\frac{\delta\boldsymbol{V}_{P_B}}{\delta t} + \boldsymbol{\omega} \times \boldsymbol{V}_{P_B}\right)
\tag{5-28}
$$

且有

$$
\begin{aligned}
\dot{\boldsymbol{V}}_{P_B} &= \dot{\boldsymbol{V}}_0 + \dot{\boldsymbol{\omega}} \times \boldsymbol{O}_B\boldsymbol{P} + \boldsymbol{\omega} \times \boldsymbol{O}_B\dot{\boldsymbol{P}} + \boldsymbol{\omega} \times (\boldsymbol{V}_0 + \boldsymbol{\omega} \times \boldsymbol{O}_B\boldsymbol{P}) \\
&= \begin{bmatrix} \dot{u} \\ \dot{v} \\ \dot{w} \end{bmatrix} + \begin{bmatrix} \dot{p} \\ \dot{q} \\ \dot{r} \end{bmatrix} \times \begin{bmatrix} x_{P_B} \\ y_{P_B} \\ z_{P_B} \end{bmatrix} + \begin{bmatrix} p \\ q \\ r \end{bmatrix} \times \left(\begin{bmatrix} u \\ v \\ w \end{bmatrix} + \begin{bmatrix} p \\ q \\ r \end{bmatrix} \times \begin{bmatrix} x_{P_B} \\ y_{P_B} \\ z_{P_B} \end{bmatrix} \right) \\
&= \begin{bmatrix} \dot{u} - vr + wq - x_{P_B}(q^2 + r^2) + y_{P_B}(pq - \dot{r}) + z_{P_B}(pr + \dot{q}) \\ \dot{v} - wp + ur - y_{P_B}(p^2 + r^2) + z_{P_B}(qr - \dot{p}) + x_{P_B}(pq + \dot{r}) \\ \dot{w} - uq + vp - z_{P_B}(q^2 + p^2) + x_{P_B}(rp - \dot{q}) + y_{P_B}(rq + \dot{p}) \end{bmatrix}
\end{aligned}
\tag{5-29}
$$

通常飞行器动力学研究飞行器的质心运动规律,这时可取 P_B 的位置为质心。对于飞机,其质心和机体坐标系原点重合,有 $[x_{P_B}, y_{P_B}, z_{P_B}] = [0, 0, 0]$,则飞行器质心 G 在机体坐标系 B 下的加速度 $\dot{\boldsymbol{V}}_{GB}$ 为

$$\dot{\boldsymbol{V}}_{GB} = \begin{bmatrix} \dot{u} - vr + wq \\ \dot{v} - wp + ur \\ \dot{w} - uq + vp \end{bmatrix} \qquad (5-30)$$

飞机质心动力学方程可以简化为

$$m\dot{\boldsymbol{V}}_{GB} = \boldsymbol{F}_B \qquad (5-31)$$

飞行器上某一质量单元 m_i 在机体坐标系下速度为 V_i，位置为 $\boldsymbol{R}_i = x\boldsymbol{i} + y\boldsymbol{j} + z\boldsymbol{k}$，作用于任意质量单元 m_i 的外力元对于机体坐标系原点的力矩元 $\mathrm{d}\boldsymbol{M}_i$ 为

$$\mathrm{d}\boldsymbol{M}_i = \boldsymbol{R}_i \times \mathrm{d}\boldsymbol{F}_i = \boldsymbol{R}_i \times \dot{\boldsymbol{V}}_i m_i \qquad (5-32)$$

在飞行器体积 ∇ 范围内积分得到飞行器整体对原点的力矩为

$$\boldsymbol{M} = \int_\nabla \mathrm{d}\boldsymbol{M}_i = \int_\nabla \boldsymbol{R}_i \times \dot{\boldsymbol{V}}_i \mathrm{d}m$$

$$= \int_\nabla \begin{bmatrix} x \\ y \\ z \end{bmatrix} \times \begin{bmatrix} \dot{u} - vr + wq - x(q^2+r^2) + y(pq-\dot{r}) + z(pr+\dot{q}) \\ \dot{v} - wp + ur - y(p^2+r^2) + z(qr-\dot{p}) + x(pq+\dot{r}) \\ \dot{w} - uq + vp - z(q^2+p^2) + x(rp-\dot{q}) + y(rq+\dot{p}) \end{bmatrix} \mathrm{d}m$$

$$= \int_\nabla \begin{bmatrix} y(\dot{w}-uq+vp) - yz(q^2+p^2) + yx(rp-\dot{q}) + y^2(rq+\dot{p}) - z(\dot{v}-wp+ur) + \\ zy(p^2+r^2) - z^2(qr-\dot{p}) - xz(pq+\dot{r}) \\ z(\dot{u}-vr+wq) - xz(q^2+r^2) + yz(pq-\dot{r}) + z^2(pr+\dot{q}) - x(\dot{w}-uq+vp) + \\ zx(q^2+p^2) - x^2(rp-\dot{q}) - xy(rq+\dot{p}) \\ x(\dot{v}-wp+ur) - xy(p^2+r^2) + xz(qr-\dot{p}) + x^2(pq+\dot{r}) - y(\dot{u}-vr+wq) + \\ yx(q^2+r^2) - y^2(pq-\dot{r}) - yz(pr+\dot{q}) \end{bmatrix} \mathrm{d}m$$

$$= \int_\nabla \begin{bmatrix} y(\dot{w}-uq+vp) - z(\dot{v}-wp+ur) + zy(r^2-q^2) + yx(rp-\dot{q}) - \\ xz(pq+\dot{r}) + (y^2-z^2)rq + (y^2+z^2)\dot{p} \\ z(\dot{u}+qw-rv) - x(\dot{w}+pv-qu) + xz(p^2-r^2) + yz(pq-\dot{r}) - \\ xy(rq+\dot{p}) + (z^2-x^2)rp + (z^2+x^2)\dot{q} \\ x(\dot{v}+ru-pw) - y(\dot{u}+qw-rv) + xy(q^2-p^2) + xz(qr-\dot{p}) - \\ yz(pr+\dot{q}) + (x^2-y^2)pq + (x^2+y^2)\dot{r} \end{bmatrix} \mathrm{d}m$$

$$= \begin{bmatrix} (my_G(\dot{w}-uq+vp) - mz_G(\dot{v}-wp+ur) + I_{zy}(r^2-q^2) + I_{yx}(rp-\dot{q}) - \\ I_{xz}(pq+\dot{r}) + (I_z-I_y)rq + I_x\dot{p})\boldsymbol{i} \\ (mz_G(\dot{u}+qw-rv) - mx_G(\dot{w}+pv-qu) + I_{xz}(p^2-r^2) + I_{yz}(pq-\dot{r}) - \\ I_{xy}(rq+\dot{p}) + (I_x-I_z)rp + I_y\dot{q})\boldsymbol{j} \\ (mx_G(\dot{v}+ru-pw) - my_G(\dot{u}+qw-rv) + I_{xy}(q^2-p^2) + I_{xz}(qr-\dot{p}) - \\ I_{yz}(pr+\dot{q}) + (I_y-I_x)pq + I_z\dot{r})\boldsymbol{k} \end{bmatrix}$$

$$(5-33)$$

式中 $m = \int_\triangledown \rho \mathrm{d}v$，$mx_G = \int_\triangledown \rho x\,\mathrm{d}v$，$my_G = \int_\triangledown \rho y\,\mathrm{d}v$，$mz_G = \int_\triangledown \rho z\,\mathrm{d}v$

质量 m 对 Ox，Oy，Oz 轴的转动惯量为

$$I_x = \sum m_i (z^2 + y^2) = \int_\triangledown \rho(z^2 + y^2)\mathrm{d}v = \int_\triangledown (y^2 + z^2)\mathrm{d}m$$

$$I_y = \sum m_i (z^2 + x^2) = \int_\triangledown \rho(z^2 + x^2)\mathrm{d}v = \int_\triangledown (z^2 + x^2)\mathrm{d}m \qquad (5-34)$$

$$I_z = \sum m_i (x^2 + y^2) = \int_\triangledown \rho(x^2 + y^2)\mathrm{d}v = \int_\triangledown (x^2 + y^2)\mathrm{d}m$$

质量 m 对 xOy，yOz，xOz 平面的惯性积：质点单元的质量与到两个互相垂直平面距离乘积之和。

$$I_{xy} = \sum m_i xy = \int_\triangledown \rho xy\,\mathrm{d}v = \int_\triangledown xy\,\mathrm{d}m$$

$$I_{xz} = \sum m_i xz = \int_\triangledown \rho xz\,\mathrm{d}v = \int_\triangledown xz\,\mathrm{d}m \qquad (5-35)$$

$$I_{yz} = \sum m_i zy = \int_\triangledown \rho zy\,\mathrm{d}v = \int_\triangledown zy\,\mathrm{d}m$$

对于飞机，当飞行器的质心和机体坐标系原点重合时，$\boldsymbol{R}_G = x_G \boldsymbol{i} + y_G \boldsymbol{j} + z_G \boldsymbol{k} = 0$，机体坐标系下质心的力矩方程为

$$\boldsymbol{M} = \begin{bmatrix} [I_{zy}(r^2 - q^2) + I_{yx}(rp - \dot{q}) - I_{xz}(pq + \dot{r}) + (I_z - I_y)rq + I_x\dot{p}]\boldsymbol{i} \\ [I_{xz}(p^2 - r^2) + I_{yz}(pq - \dot{r}) - I_{xy}(rq + \dot{p}) + (I_x - I_z)rp + I_y\dot{q}]\boldsymbol{j} \\ [I_{xy}(q^2 - p^2) + I_{xz}(qr - \dot{p}) - I_{yz}(pr + \dot{q}) + (I_y - I_x)pq + I_z\dot{r}]\boldsymbol{k} \end{bmatrix} \qquad (5-36)$$

假设飞行器关于 xOz 平面对称，则 $I_{yz} = 0$，$I_{xy} = 0$，有

$$\boldsymbol{M} = \begin{bmatrix} I_x\dot{p} - I_{xz}\dot{r} + qr(I_z - I_y) - I_{xz}pq \\ I_y\dot{q} + rp(I_x - I_z) + I_{xz}(p^2 - r^2) \\ -I_{xz}\dot{p} + I_z\dot{r} + pq(I_y - I_x) + I_{xz}qr \end{bmatrix} \qquad (5-37)$$

以上力和力矩的平衡方程都是在机体坐标系下建立的，在机体坐标系建立动力学方程的优点：

（1）可利用飞行器的对称面，有 $I_{xy} = I_{yz} = 0$，从而使方程简化。

（2）在重量不变时，各转动惯量和惯性积是常数。

（3）机体轴的姿态角和角速度就是飞行器的姿态角和角速度，可用安装在飞行器上的位置陀螺和角速度陀螺直接测得而不必转换。

上述飞行器动力学方程改写成标准的非线性方程形式：

$$\boldsymbol{M}_{\mathrm{ass}}\dot{\boldsymbol{x}} = \boldsymbol{F} \qquad (5-38)$$

$$\dot{\boldsymbol{x}} = \begin{bmatrix} \dot{u} & \dot{v} & \dot{w} & \dot{p} & \dot{q} & \dot{r} \end{bmatrix}$$

$$\boldsymbol{F} = \begin{bmatrix} F_1 & F_2 & F_3 & F_4 & F_5 & F_6 \end{bmatrix}$$

式中质量矩阵 M_{ass} 矩阵中元素如下：

$$M_{ass} = \begin{bmatrix} m_0 + m_{11} & 0 & 0 & 0 & m_0 z_G & -m_0 y_G \\ 0 & m_0 + m_{22} & 0 & -m_0 z_G & 0 & m_{26} + m_0 x_G \\ 0 & 0 & m_0 + m_{33} & m_0 y_G & m_{35} - m x_G & 0 \\ 0 & -m_0 z_G & m_0 y_G & I_x + m_{44} & -I_{xy} & -I_{xz} \\ m_0 z_G & 0 & m_{53} - m_0 x_G & -I_{xy} & I_y + m_{55} & -I_{yz} \\ -m_0 y_G & m_{62} + m_0 x_G & 0 & -I_{xz} & -I_{yz} & I_z + m_{66} \end{bmatrix}$$

式里 m_0 为飞行器的质量。F 为飞行器所受到的合外力，其具体表达式为

$$
\begin{aligned}
F_1 = & -m_0 wq + m_0 vr - m_0 z_G pr + m_0 x_G (q^2 + r^2) - m_0 y_G pq - m_{35} q^2 + \\
& m_{26} r^2 + X_B + X_G + X_A + X_{Tw} + X_{Tcl} + X_{Tcr} \\
F_2 = & -m_0 ur + m_0 wp - m_0 Z_G qr + m_0 y_G (r^2 + p^2) + (m_{35} - m_0 x_G) qp + \\
& Y_B + Y_G + Y_A + Y_{Tw} + Y_{Tcl} + Y_{Tcf} \\
F_3 = & -m_0 vp + m_0 uq - m_0 x_G rp + m_0 Z_G (p^2 + q^2) - m_0 y_G rq + \\
& Z_B + Z_G + Z_A + Z_{Tw} + Z_{Tcl} + Z_{Tcr}
\end{aligned}
\tag{5-39}
$$

$$
\begin{aligned}
F_4 = & (-I_z + I_y) rq + I_{xz} pq - I_{xy} pr - I_{yz} (r^2 - p^2) - m_0 y_G (pv - qu) + m_0 z_G (ru - pw) - \\
& m_{62} vq + m_{53} wr + (m_{22} - m_{33}) wv - m_{35} qv + m_{26} wr + L_B + L_G + L_A + L_T \\
F_5 = & (-I_x + I_z) pr - I_{xz} (p^2 - r^2) + I_{xy} qr - I_{yz} qp - m_0 z_G (qw - rv) + m_0 x_G (pv - qu) + \\
& m_{35} qu + M_B + M_G + M_A + M_T \\
F_6 = & (-I_y + I_x) qp + (I_{yz} - I_{xz}) rq - I_{xy} (q^2 - p^2) - m_0 x_G (ru - pw) + m_0 y_G (qw - rv) - \\
& m_{53} wp + N_B + N_G + N_A + N_T
\end{aligned}
$$

$$\tag{5-40}$$

对于飞机不考虑浮力和流体惯性力，简化后的六自由度非线性方程为

$$
\begin{aligned}
& X_T + X_A - mg \sin\theta = m(\dot{u} - vr + wq) \\
& Y_A + mg \cos\theta \sin\phi = m(\dot{v} - wp + ur) \\
& Z_A + mg \cos\theta \cos\phi = m(\dot{w} - uq + vp) \\
& L_A = I_x \dot{p} + I_{xy} (r^2 - q^2) + I_{yx} (rp - \dot{q}) - I_{xz} (pq + \dot{r}) + (I_z - I_y) rq \\
& M_A = I_y \dot{q} + I_{xz} (p^2 - r^2) + I_{yz} (pq - \dot{r}) - I_{xy} (rq + \dot{p}) + (I_x - I_z) rp \\
& N_A = I_z \dot{r} + I_{xy} (q^2 - p^2) + I_{xz} (qr - \dot{p}) - I_{yz} (pr + \dot{q}) + (I_y - I_x) pq
\end{aligned}
\tag{5-41}
$$

5.3　模型解耦和线性化

飞行器动力学的力与力矩方程是联立的非线性方程，气动力、气动力矩等都是运动参数的非线性函数，分析与求解过程复杂。虽然可以通过数字积分方法求解非线性微分方程，进行飞

行试验仿真,但是不利于分析飞行器的构型参数与运动特性的内在联系,因此需要在一定的飞行条件下对飞行器的运动方程进行横侧向和纵向解耦及线性化。线性化后的飞行器方程可以用解析法求解和利用线性理论分析系统的特性,便于设计控制律。

5.3.1　稳态飞行和扰动运动

飞行器的运动分为基准运动和扰动运动,基准运动指飞行器在平衡点条件下的运动,又称稳态飞行。稳态飞行条件要求角速度变化率恒为零,线加速度变化率恒为零,控制输入量为常量,即满足如下表达式:$\dot{u}=\dot{v}=\dot{w}=\dot{p}=\dot{q}=\dot{r}\equiv 0$, $u=u_0$, $v=v_0$, $w=w_0$,控制量$U=U_0$,附加下列条件又有不同的飞行状态:

(1) 稳态水平飞行$\phi=\dot{\phi}=\dot{\theta}=\dot{\psi}\equiv 0$, $p=q=r\equiv 0$,

水平无侧滑飞行$\theta\,|_{\phi=\beta=0}=\gamma+\alpha$,

水平侧滑飞行$\psi\,|_{\theta=\phi=\alpha=\gamma\equiv 0}=\chi-\beta$。

(2) 稳态转弯飞行$\dot{\phi}=\dot{\theta}\equiv 0$, $r=r_0$。

(3) 稳态拉起飞行$\dot{\phi}=\dot{\psi}\equiv 0$, $q=q_0$。

(4) 稳态滚转飞行$\dot{\theta}=\dot{\psi}\equiv 0$, $p=p_0$。

扰动运动指在外来干扰,如大气湍流、发动机变化等因素作用下,飞行器偏离平衡条件的运动。若系统稳定,在平衡状态下受到气流扰动后飞行器将回到平衡状态,或在受到操纵指令的响应后飞行器达到新的平衡状态。飞行器的运动参数变化的大小与外来干扰的大小有直接关系,如果扰动运动的幅值和平衡条件相比很小时,称为小扰动运动。小扰动有如下假设:

(1) 地球是静止不动的平面;

(2) 飞行器是刚体,且质量为常数;

(3) 大气为平静的标准大气;

(4) 所选坐标系为机体坐标系;

(5) 小扰动运动;

(6) 飞行器具有对称面,质量和外形都对称;

(7) 基准运动中,飞行器的运动平面、对称面、铅垂面合一,$\beta=\mu\equiv 0$。

满足(6)、(7),纵向气动力和力矩曲线不仅对纵轴对称(飞行器本身左右对称),而且纵向气动力和力矩对横侧向参数在其基准运动状态下的一阶导数(如$\left.\dfrac{\partial Z_A}{\partial \beta}\right|_0$, $\left.\dfrac{\partial M_A}{\partial p}\right|_0$)均等于零,即$(X_A, Z_A, M_A)$是$(u, w, q, \alpha; \delta_e)$的函数;飞行器本身左右对称,当纵向扰动出现时,在不太大的迎角范围内,气流流动的对称性并不破坏,因此横侧向气动力和力矩对纵向参数在其基准运动状态下的导数(如$\left.\dfrac{\partial L_A}{\partial \alpha}\right|_0$, $\left.\dfrac{\partial N_A}{\partial q}\right|_0$)均等于零,即$(Y_A, L_A, N_A)$是$(v, p, r, \beta; \delta_r, \delta_a)$的函数。

(8) 基准运动为对称定直飞行(基准运动是在对称平面内运动,而且做等速直线运动)。如下条件成立:$u=u_0$, $v=v_0$, $w=w_0$, $p=r\equiv 0$, $\beta=\phi\equiv 0$, $\theta_0=\text{const}$, $\psi_0=\text{const}$。

(9) 准定常假设。

满足(6)、(7)、(8)、(9)的条件下,飞行器的扰动运动方程不仅是线性(满足条件8),并且是纵向和横向分离的(满足条件6,7),是常系数线性微分方程(满足条件9)。对于飞行器的一些典型飞行状态如对称定直平飞($\dot{x}_0 = $const, $\dot{y}_0 = $const, $\dot{z}_0 = 0$, $\theta_0 = $const, $\psi_0 = $const)、定直爬升($\dot{x}_0 = $const, $\dot{y}_0 = 0$, $\dot{z}_0 = $const, $\theta_0 = $const, $\psi_0 = 0$)均属于对称定直飞行状态。

如果飞行器的基准运动系数非定常,则扰动方程是变系数微分方程组,变系数线性微分方程的求解比较复杂,一般只能在一定的初始条件下数值求解。但实际工程上,常采用"系数冻结法"将变系数线性微分方程在一定条件下转换成常系数线性微分方程。

5.3.2　参数小扰动线性化

参数小扰动采用微分手段计算控制导数和微分导数,可以获得系统线性方程的参数化方程,便于运动稳定性分析,定义扰动量为Δ,下角标0代表平衡条件,以对称稳态直线平飞条件为例,给出小扰动线性化步骤如下。

(1) 给出平衡条件:

$$\dot{u}_0 = \dot{v}_0 = \dot{w}_0 = \dot{p}_0 = \dot{q}_0 = \dot{r}_0 = 0$$
$$v_0 = w_0 = p_0 = q_0 = r_0 = \phi_0 = 0$$
$$\beta = 0, \mu = 0 \tag{5-42}$$
$$\theta_0 = \alpha_0 + \gamma_0, u = u_0, w = w_0, u_0 \gg w_0$$

(2) 用平衡值+扰动量代替非线性动力学方程中的各相应变量。

(3) 消除一阶扰动以上项,使方程中各项相对扰动都是线性关系。

(4) 把平衡值代进方程,消除平衡项,获得关于扰动的一阶线性差分方程。

下面以飞机为例给出飞行器六自由度方程线性化结果:

$$X - mg\sin\theta = m(\dot{u} - vr + wq)$$
$$\Rightarrow \Delta X - mg\cos\theta_0 \Delta\theta = m\Delta\dot{u}$$
$$\Rightarrow X_0 - mg\sin\theta_0 = 0$$
$$Y + mg\cos\theta\sin\phi = m(\dot{v} - wp + ur)$$
$$\Rightarrow \Delta Y + mg\cos\theta_0 \Delta\phi = m\Delta\dot{v} + mu_0\Delta r \tag{5-43}$$
$$\Rightarrow Y_0 = 0$$
$$Z + mg\cos\theta\cos\phi = m(\dot{w} - uq + vp)$$
$$\Rightarrow \Delta Z - mg\sin\theta_0 \Delta\theta = m\Delta\dot{w} - mu_0\Delta q$$
$$\Rightarrow Z_0 + mg\cos\theta_0 = 0$$

$$L = I_x\dot{p} + I_{zy}(r^2 - q^2) + I_{yx}(rp - \dot{q}) - I_{xz}(pq + \dot{r}) + (I_z - I_y)rq$$
$$\Rightarrow \Delta L = I_x\Delta\dot{p} - I_{xz}\Delta\dot{r}$$
$$M = I_y\dot{q} + I_{xz}(p^2 - r^2) + I_{yz}(pq - \dot{r}) - I_{xy}(rq + \dot{p}) + (I_x - I_z)rp \tag{5-44}$$
$$\Rightarrow \Delta M = I_y\Delta\dot{q}$$
$$N = I_z\dot{r} + I_{xy}(q^2 - p^2) + I_{xz}(qr - \dot{p}) - I_{yz}(pr + \dot{q}) + (I_y - I_x)pq$$
$$\Rightarrow \Delta N = I_z\Delta\dot{r} - I_{xz}\Delta\dot{p}$$

飞行器的滚转和偏航通道存在耦合,整理合并得

$$
\begin{cases}
\Delta \dot{r} = \dfrac{I_{xz}}{I_z I_x - I_{xz}^2} \Delta L + \dfrac{I_x}{I_z I_x - I_{xz}^2} \Delta N \\[4mm]
\Delta \dot{p} = \dfrac{I_z}{I_z I_x - I_{xz}^2} \Delta L + \dfrac{I_{xz}}{I_z I_x - I_{xz}^2} \Delta N
\end{cases}
\tag{5-45}
$$

线性化的小扰动运动方程为

$$
\Delta \dot{u} = \frac{\Delta X}{m} - g\cos\theta_0 \Delta\theta
$$

$$
\Delta \dot{v} = \frac{\Delta Y}{m} + g\cos\theta_0 \Delta\phi - u_0 \Delta r
$$

$$
\Delta \dot{w} = \frac{\Delta Z}{m} - g\sin\theta_0 \Delta\theta + u_0 \Delta q
$$

$$
\Delta \dot{q} = \frac{\Delta M}{I_y}
\tag{5-46}
$$

$$
\Delta \dot{r} = \frac{I_{xz}}{I_z I_x - I_{xz}^2} \Delta L + \frac{I_x}{I_z I_x - I_{xz}^2} \Delta N
$$

$$
\Delta \dot{p} = \frac{I_z}{I_z I_x - I_{xz}^2} \Delta L + \frac{I_{xz}}{I_z I_x - I_{xz}^2} \Delta N
$$

同理飞行器的运动学方程也可以线性化为状态方程形式:

$$
\begin{bmatrix} \dot{\phi} \\ \dot{\theta} \\ \dot{\psi} \end{bmatrix} =
\begin{bmatrix}
1 & \sin\phi\tan\theta & \cos\phi\tan\theta \\
0 & \cos\phi & -\sin\phi \\
0 & \sin\phi\sec\theta & \cos\phi\sec\theta
\end{bmatrix}
\begin{bmatrix} p \\ q \\ r \end{bmatrix}
\Rightarrow
\begin{bmatrix} \Delta\dot{\phi} \\ \Delta\dot{\theta} \\ \Delta\dot{\psi} \end{bmatrix} =
\begin{bmatrix} \Delta p + \tan\theta_0 \Delta r \\ \Delta q \\ \sec\theta_0 \Delta r \end{bmatrix}
\tag{5-47}
$$

$$
\tan\alpha = \frac{w}{u} \qquad\qquad \Delta\alpha = \frac{u_0 \Delta w - \Delta u w_0}{u_0^2} = \frac{\Delta w}{u_0}
$$

$$
\sin\beta = \frac{v}{V} \qquad \Rightarrow \qquad \Delta\beta = \frac{V_0 \Delta v - v_0 \Delta V}{V_0^2} = \frac{\Delta v}{V_0} \approx \frac{\Delta v}{u_0}
\tag{5-48}
$$

$$
V = (u^2 + v^2 + w^2)^{1/2} \qquad \Delta V = \frac{2u_0 \Delta u + 2v_0 \Delta v + 2w_0 \Delta w}{2(u_0^2 + v_0^2 + w_0^2)^{1/2}} = \Delta u
$$

5.3.3　力和力矩线性化和模型解耦

线性化的最后一步是求扰动力和力矩的大小,定义力和力矩对控制变量的偏微分为操纵导数,形式如 $X_{\delta_T} \equiv \left.\dfrac{\partial X}{\partial \delta_T}\right|_0 \cdots$;定义力和力矩对状态变量的偏微分为稳定性导数,形式为 $X_u \equiv \left.\dfrac{\partial X}{\partial u}\right|_0 \cdots$;稳定性导数对于给定的平衡状态是常值,并且通常归一化为无量纲数。在线性化假设条件下,有

$$\Delta X = \left(\frac{\partial X}{\partial u}\right)_0 \Delta u + \left(\frac{\partial X}{\partial w}\right)_0 \Delta w + \left(\frac{\partial X}{\partial \delta_e}\right)_0 \Delta \delta_e + \left(\frac{\partial X}{\partial \delta_T}\right)_0 \Delta \delta_T$$

$$= X_u \Delta u + X_w \Delta w + X_{\delta_e} \Delta \delta_e + X_{\delta_T} \Delta \delta_T$$

$$(5-49)$$

$$\Delta Y = \left(\frac{\partial Y}{\partial v}\right)_0 \Delta v + \left(\frac{\partial Y}{\partial p}\right)_0 \Delta p + \left(\frac{\partial Y}{\partial r}\right)_0 \Delta r + \left(\frac{\partial Y}{\partial \delta_r}\right)_0 \Delta \delta_r + \left(\frac{\partial Y}{\partial \delta_a}\right)_0 \Delta \delta_a$$

$$= Y_v \Delta v + Y_p \Delta p + Y_r \Delta r + Y_{\delta_r} \Delta \delta_r + Y_{\delta_a} \Delta \delta_a$$

$$\Delta Z = \left(\frac{\partial Z}{\partial u}\right)_0 \Delta u + \left(\frac{\partial Z}{\partial w}\right)_0 \Delta w + \left(\frac{\partial Z}{\partial \dot{w}}\right)_0 \Delta \dot{w} + \left(\frac{\partial Z}{\partial q}\right)_0 \Delta q + \left(\frac{\partial Z}{\partial \delta_e}\right)_0 \Delta \delta_e + \left(\frac{\partial Z}{\partial \delta_T}\right)_0 \Delta \delta_T$$

$$= Z_u \Delta u + Z_w \Delta w + Z_{\dot{w}} \Delta \dot{w} + Z_q \Delta q + Z_{\delta_e} \Delta \delta_e + Z_{\delta_T} \Delta \delta_T$$

$$\Delta L = \left(\frac{\partial L}{\partial v}\right)_0 \Delta v + \left(\frac{\partial L}{\partial p}\right)_0 \Delta p + \left(\frac{\partial L}{\partial r}\right)_0 \Delta r + \left(\frac{\partial L}{\partial \delta_r}\right)_0 \Delta \delta_r + \left(\frac{\partial L}{\partial \delta_a}\right)_0 \Delta \delta_a$$

$$= L_v \Delta v + L_p \Delta p + L_r \Delta r + L_{\delta_r} \Delta \delta_r + L_{\delta_a} \Delta \delta_a$$

$$\Delta M = \left(\frac{\partial M}{\partial u}\right)_0 \Delta u + \left(\frac{\partial M}{\partial w}\right)_0 \Delta w + \left(\frac{\partial M}{\partial \dot{w}}\right)_0 \Delta \dot{w} + \left(\frac{\partial M}{\partial q}\right)_0 \Delta q + \left(\frac{\partial M}{\partial \delta_e}\right)_0 \Delta \delta_e + \left(\frac{\partial M}{\partial \delta_T}\right)_0 \Delta \delta_T$$

$$= M_u \Delta u + M_w \Delta w + M_{\dot{w}} \Delta \dot{w} + M_q \Delta q + M_{\delta_e} \Delta \delta_e + M_{\delta_T} \Delta \delta_T$$

$$\Delta N = \left(\frac{\partial N}{\partial v}\right)_0 \Delta v + \left(\frac{\partial N}{\partial p}\right)_0 \Delta p + \left(\frac{\partial N}{\partial r}\right)_0 \Delta r + \left(\frac{\partial N}{\partial \delta_r}\right)_0 \Delta \delta_r + \left(\frac{\partial N}{\partial \delta_a}\right)_0 \Delta \delta_a$$

$$= N_v \Delta v + N_p \Delta p + N_r \Delta r + N_{\delta_r} \Delta \delta_r + N_{\delta_a} \Delta \delta_a$$

$$(5-50)$$

线性化力后的微分方程为

$$\begin{cases} m\Delta \dot{u} = X_u \Delta u + X_w \Delta w - mg\cos\theta_0 \Delta\theta + X_{\delta_e} \Delta \delta_e + X_{\delta_T} \Delta \delta_T \\ m\Delta \dot{w} - mu_0 \Delta q = Z_u \Delta u + Z_w \Delta w + Z_{\dot{w}} \Delta \dot{w} + Z_q \Delta q - mg\sin\theta_0 \Delta\theta + Z_{\delta_e} \Delta \delta_e + Z_{\delta_T} \Delta \delta_T \\ I_y \Delta \dot{q} = M_u \Delta u + M_w \Delta w + M_{\dot{w}} \Delta \dot{w} + M_q \Delta q + M_{\delta_e} \Delta \delta_e + M_{\delta_T} \Delta \delta_T \end{cases}$$

$$(5-51)$$

$$\begin{cases} m\Delta \dot{v} + mu_0 \Delta r = Y_v \Delta v + Y_r \Delta r + Y_p \Delta p + mg\cos\theta_0 \Delta\phi + Y_{\delta_r} \Delta \delta_r \\ I_x \Delta \dot{p} - I_{xz} \Delta \dot{r} = L_v \Delta v + L_r \Delta r + L_p \Delta p + L_{\delta_a} \Delta \delta_a + L_{\delta_r} \Delta \delta_r \\ I_z \Delta \dot{r} - I_{xz} \Delta \dot{p} = N_v \Delta v + N_r \Delta r + N_p \Delta p + N_{\delta_a} \Delta \delta_a + N_{\delta_r} \Delta \delta_r \end{cases} \qquad (5-52)$$

可以看到以上方程可以解耦为横向和纵向运动方程,注意并不是线性化后才解耦,非线性方程基于以上条件也是解耦的。若基准运动不是对称的(如等速直线侧滑飞行,等坡度盘旋飞行),采用小扰动方法可以线性化方程,但不能把方程组解耦,因为纵向与横向之间有一阶小量的相互关系。

解耦的线性化力后的状态方程为

$$
\begin{bmatrix}
m & 0 & 0 & 0 \\
0 & m-Z_{\dot{w}} & 0 & 0 \\
0 & -M_{\dot{w}} & I_y & 0 \\
0 & 0 & 0 & 1
\end{bmatrix}
\begin{bmatrix}
\Delta\dot{u} \\
\Delta\dot{w} \\
\Delta\dot{q} \\
\Delta\dot{\theta}
\end{bmatrix}
\tag{5-53}
$$

$$
=\begin{bmatrix}
X_u & X_w & 0 & -mg\cos\theta_0 \\
Z_u & Z_w & Z_q+mu_0 & -mg\sin\theta_0 \\
M_u & M_w & M_q & 0 \\
0 & 0 & 1 & 0
\end{bmatrix}
\begin{bmatrix}
\Delta u \\
\Delta w \\
\Delta q \\
\Delta\theta
\end{bmatrix}
+
\begin{bmatrix}
X_{\delta_e} & X_{\delta_T} \\
Z_{\delta_e} & Z_{\delta_T} \\
M_{\delta_e} & Z_{\delta_T} \\
0 & 0
\end{bmatrix}
\begin{bmatrix}
\Delta\delta_e \\
\Delta\delta_T
\end{bmatrix}
$$

$$
\begin{bmatrix}
m & 0 & 0 & 0 & 0 \\
0 & I_x & -I_{xz} & 0 & 0 \\
0 & -I_{xz} & I_z & 0 & 0 \\
0 & 0 & 0 & 1 & 0 \\
0 & 0 & 0 & 0 & 1
\end{bmatrix}
\begin{bmatrix}
\Delta\dot{v} \\
\Delta\dot{p} \\
\Delta\dot{r} \\
\Delta\dot{\phi} \\
\Delta\dot{\psi}
\end{bmatrix}
\tag{5-54}
$$

$$
=\begin{bmatrix}
Y_v & Y_p & Y_r-mu_0 & mg\cos\theta_0 & 0 \\
L_v & L_p & L_r & 0 & 0 \\
N_v & N_p & N_r & 0 & 0 \\
0 & 1 & 0 & 0 & 0 \\
0 & 0 & 1 & 0 & 0
\end{bmatrix}
\begin{bmatrix}
\Delta v \\
\Delta p \\
\Delta r \\
\Delta\phi \\
\Delta\psi
\end{bmatrix}
+
\begin{bmatrix}
Y_{\delta_r} & 0 \\
L_{\delta_r} & L_{\delta_a} \\
N_{\delta_r} & L_{\delta_a} \\
0 & 0 \\
0 & 0
\end{bmatrix}
\begin{bmatrix}
\Delta\delta_r \\
\Delta\delta_a
\end{bmatrix}
$$

整理后的微分方程为

$$
\begin{cases}
m\Delta\dot{u}=X_u\Delta u+X_w\Delta w-mg\cos\theta_0\Delta\theta+X_{\delta_e}\Delta\delta_e+X_{\delta_T}\Delta\delta_T \\[2mm]
\Rightarrow\left(\dfrac{\mathrm{d}}{\mathrm{d}t}-\dfrac{X_u}{m}\right)\Delta u-\dfrac{X_w}{m}\Delta w+g\cos\theta_0\Delta\theta=\dfrac{X_{\delta_e}}{m}\Delta\delta_e+\dfrac{X_{\delta_T}}{m}\Delta\delta_T \\[2mm]
m\Delta\dot{w}-mu_0\Delta q=Z_u\Delta u+Z_w\Delta w+Z_{\dot{w}}\Delta\dot{w}+Z_q\Delta q-mg\sin\theta_0\Delta\theta+Z_{\delta_e}\Delta\delta_e+Z_{\delta_T}\Delta\delta_T \\[2mm]
\Rightarrow\Delta\dot{w}-u_0\Delta q=\dfrac{Z_u}{m}\Delta u+\dfrac{Z_w}{m}\Delta w+\dfrac{Z_{\dot{w}}}{m}\Delta\dot{w}+\dfrac{Z_q}{m}\Delta q-g\sin\theta_0\Delta\theta+\dfrac{Z_{\delta_e}}{m}\Delta\delta_e+\dfrac{Z_{\delta_T}}{m}\Delta\delta_T \\[2mm]
\Rightarrow-\dfrac{Z_u}{m}\Delta u+\Delta\dot{w}-\dfrac{Z_{\dot{w}}}{m}\Delta\dot{w}-\dfrac{Z_w}{m}\Delta w-u_0\Delta q-\dfrac{Z_q}{m}\Delta q+g\sin\theta_0\Delta\theta=\dfrac{Z_{\delta_e}}{m}\Delta\delta_e+\dfrac{Z_{\delta_T}}{m}\Delta\delta_T \\[2mm]
\Rightarrow-\dfrac{Z_u}{m}\Delta u+\left[\left(1-\dfrac{Z_{\dot{w}}}{m}\right)\dfrac{\mathrm{d}}{\mathrm{d}t}-\dfrac{Z_w}{m}\right]\Delta w-\left[\left(u_0+\dfrac{Z_q}{m}\right)\dfrac{\mathrm{d}}{\mathrm{d}t}-g\sin\theta_0\right]\Delta\theta=\dfrac{Z_{\delta_e}}{m}\Delta\delta_e+\dfrac{Z_{\delta_T}}{m}\delta\Delta_T \\[2mm]
I_y\Delta\dot{q}=M_u\Delta u+M_w\Delta w+M_{\dot{w}}\Delta\dot{w}+M_q\Delta q+M_{\delta_e}\Delta\delta_e+M_{\delta_T}\Delta\delta_T \\[2mm]
\Rightarrow\Delta\dot{q}=\dfrac{M_u}{I_y}\Delta u+\dfrac{M_w}{I_y}\Delta w+\dfrac{M_{\dot{w}}}{I_y}\Delta\dot{w}+\dfrac{M_q}{I_y}\Delta q+\dfrac{M_{\delta_e}}{I_y}\Delta\delta_e+\dfrac{M_{\delta_T}}{I_y}\Delta\delta_T \\[2mm]
\Rightarrow-\dfrac{M_u}{I_y}\Delta u-\left(\dfrac{M_{\dot{w}}}{I_y}\dfrac{\mathrm{d}}{\mathrm{d}t}+\dfrac{M_w}{I_y}\right)\Delta w+\left(\dfrac{\mathrm{d}^2}{\mathrm{d}t^2}-\dfrac{M_q}{I_y}\dfrac{\mathrm{d}}{\mathrm{d}t}\right)\Delta\theta=\dfrac{M_{\delta_e}}{I_y}\Delta\delta_e+\dfrac{M_{\delta_T}}{I_y}\Delta\delta_T
\end{cases}
\tag{5-55}
$$

$$
\begin{cases}
m\Delta\dot{v} + mu_0\Delta r = Y_v\Delta v + Y_r\Delta r + Y_p\Delta p + Y_{\delta_r}\Delta\delta_r \\[2mm]
\Rightarrow \Delta\dot{v} - \dfrac{Y_v}{m}\Delta v - \dfrac{Y_p}{m}\Delta p + \dfrac{mu_0}{m}\Delta r - \dfrac{Y_r}{m}\Delta r - g\cos\theta_0\Delta\phi = \dfrac{Y_{\delta_r}}{m}\Delta\delta_r \\[2mm]
\Rightarrow \left(\dfrac{\mathrm{d}}{\mathrm{d}t} - \dfrac{Y_v}{m}\right)\Delta v - \dfrac{Y_p}{m}\Delta p + \left(u_0 - \dfrac{Y_r}{m}\right)\Delta r - g\cos\theta_0\Delta\phi = \dfrac{Y_{\delta_r}}{m}\Delta\delta_r \\[2mm]
I_x\Delta\dot{p} - I_{xz}\Delta\dot{r} = L_v\Delta v + L_r\Delta r + L_p\Delta p + L_{\delta_a}\Delta\delta_a + L_{\delta_r}\Delta\delta_r \\[2mm]
\Rightarrow -\dfrac{L_v}{I_x}\Delta v + \left(\dfrac{\mathrm{d}}{\mathrm{d}t} - \dfrac{L_p}{I_x}\right)\Delta p - \left(\dfrac{I_{xz}}{I_x}\dfrac{\mathrm{d}}{\mathrm{d}t} + \dfrac{L_r}{I_x}\right)\Delta r = \dfrac{L_{\delta_a}}{I_x}\Delta\delta_a + \dfrac{L_{\delta_r}}{I_x}\Delta\delta_r \\[2mm]
I_z\Delta\dot{r} - I_{xz}\Delta\dot{p} = N_v\Delta v + N_r\Delta r + N_p\Delta p + N_{\delta_a}\Delta\delta_a + N_{\delta_r}\Delta\delta_r \\[2mm]
\Rightarrow -N_v v - I_{xz}\dot{p} - N_p p + I_z\dot{r} - N_r r = N_{\delta_a}\delta_a + N_{\delta_r}\delta_r \\[2mm]
\Rightarrow -\dfrac{N_v}{I_z}\Delta v - \left(\dfrac{I_{xz}}{I_z}\dfrac{\mathrm{d}}{\mathrm{d}t} + \dfrac{N_p}{I_z}\right)\Delta p + \left(\dfrac{\mathrm{d}}{\mathrm{d}t} - \dfrac{N_r}{I_z}\right)\Delta r = \dfrac{N_{\delta_a}}{I_z}\Delta\delta_a + \dfrac{N_{\delta_r}}{I_z}\Delta\delta_r
\end{cases}
\tag{5-56}
$$

忽略 Z_q 和 $Z_{\dot{w}}$，整理后标准状态方程为

$$
\dot{X} = AX + BU
$$

$$
\begin{cases}
\left(\dfrac{\mathrm{d}}{\mathrm{d}t} - \dfrac{X_u}{m}\right)\Delta u - \dfrac{X_w}{m}\Delta w + g\cos\theta_0\Delta\theta = \dfrac{X_{\delta_e}}{m}\delta_e + \dfrac{X_{\delta_T}}{m}\Delta\delta_T \\[2mm]
-\dfrac{Z_u}{m}\Delta u + \left[\left(1 - \dfrac{Z_{\dot{w}}}{m}\right)\dfrac{\mathrm{d}}{\mathrm{d}t} - \dfrac{Z_w}{m}\right]\Delta w - \left[\left(u_0 + \dfrac{Z_q}{m}\right)\dfrac{\mathrm{d}}{\mathrm{d}t} - g\sin\theta_0\right]\Delta\theta = \dfrac{Z_{\delta_e}}{m}\Delta\delta_e + \dfrac{Z_{\delta_T}}{m}\Delta\delta_T \\[2mm]
-\dfrac{M_u}{I_y}\Delta u - \left(\dfrac{M_{\dot{w}}}{I_y}\dfrac{\mathrm{d}}{\mathrm{d}t} + \dfrac{M_w}{I_y}\right)\Delta w + \left(\dfrac{\mathrm{d}^2}{\mathrm{d}t^2} - \dfrac{M_q}{I_y}\dfrac{\mathrm{d}}{\mathrm{d}t}\right)\Delta\theta = \dfrac{M_{\delta_e}}{I_y}\Delta\delta_e + \dfrac{M_{\delta_T}}{I_y}\Delta\delta_T
\end{cases}
\tag{5-57}
$$

$$
\begin{bmatrix} \Delta\dot{u} \\ \Delta\dot{w} \\ \Delta\dot{q} \\ \Delta\dot{\theta} \end{bmatrix}
=
\begin{bmatrix}
X_u' & X_w' & 0 & -g\cos\theta_0 \\
Z_u' & Z_w' & u_0 & 0 \\
M_u' + M_{\dot{w}}'Z_u' & M_w' + M_{\dot{w}}'Z_w' & M_q' + M_{\dot{w}}'u_0 & 0 \\
0 & 0 & 1 & 0
\end{bmatrix}
\begin{bmatrix} \Delta u \\ \Delta w \\ \Delta q \\ \Delta\theta \end{bmatrix}
+
$$

$$
\begin{bmatrix}
X_{\delta_e}' & X_{\delta_T}' \\
Z_{\delta_e}' & Z_{\delta_T}' \\
M_{\delta_e}' + M_{\dot{w}}'Z_{\delta_e}' & M_{\delta_T}' + M_{\dot{w}}'Z_{\delta_T}' \\
0 & 0
\end{bmatrix}
\begin{bmatrix} \Delta\delta_e \\ \Delta\delta_T \end{bmatrix}
\tag{5-58}
$$

$$
\begin{cases}
\left(\dfrac{\mathrm{d}}{\mathrm{d}t} - \dfrac{Y_v}{m}\right)\Delta v - \dfrac{Y_p}{m}\Delta p + \left(u_0 - \dfrac{Y_r}{m}\right)\Delta r - g\cos\theta_0\Delta\phi = \dfrac{Y_{\delta_r}}{m}\Delta\delta_r \\[2mm]
-\dfrac{L_v}{I_x}\Delta v + \left(\dfrac{\mathrm{d}}{\mathrm{d}t} - \dfrac{L_p}{I_x}\right)\Delta p - \left(\dfrac{I_{xz}}{I_x}\dfrac{\mathrm{d}}{\mathrm{d}t} + \dfrac{L_r}{I_x}\right)\Delta r = \dfrac{L_{\delta_a}}{I_x}\Delta\delta_a + \dfrac{L_{\delta_r}}{I_x}\Delta\delta_r \\[2mm]
-\dfrac{N_v}{I_z}\Delta v - \left(\dfrac{I_{xz}}{I_z}\dfrac{\mathrm{d}}{\mathrm{d}t} + \dfrac{N_p}{I_z}\right)\Delta p + \left(\dfrac{\mathrm{d}}{\mathrm{d}t} - \dfrac{N_r}{I_z}\right)\Delta r = \dfrac{N_{\delta_a}}{I_z}\Delta\delta_a + \dfrac{N_{\delta_r}}{I_z}\Delta\delta_r
\end{cases}
$$

$$- \left(\frac{I_{xz}}{I_z} L'_v + N'_v \right) \Delta v - \left(\frac{I_{xz}}{I_z} L'_p + N'_p \right) \Delta p - \left(1 - \frac{I_{xz}^2}{I_x I_z} \right) \Delta \dot{r} - \left(\frac{I_{xz}}{I_z} L'_r + N'_r \right) \Delta r$$

$$= \left(N'_{\delta_a} + \frac{I_{xz}}{I_z} L'_{\delta_a} \right) \Delta \delta_a + \left(N_{\delta_r} + \frac{I_{xz}}{I_z} L_{\delta_r} \right) \Delta \delta_r \qquad (5-59)$$

$$- \left(L'_v + N'_v \frac{I_{xz}}{I_x} \right) \Delta v - \left(L'_p + N'_p \frac{I_{xz}}{I_x} \right) \Delta p - \left(1 - \frac{I_{xz}^2}{I_x I_z} \right) \Delta \dot{p} - \left(L'_r + N'_r \frac{I_{xz}}{I_x} \right) \Delta r$$

$$= \left(\frac{I_{xz}}{I_x} N'_{\delta_a} + L'_{\delta_a} \right) \Delta \delta_a + \left(\frac{I_{xz}}{I_x} N_{\delta_r} + L_{\delta_r} \right) \Delta \delta_r$$

$$\begin{bmatrix} \Delta \dot{v} \\ \Delta \dot{p} \\ \Delta \dot{r} \\ \Delta \dot{\phi} \\ \Delta \dot{\psi} \end{bmatrix} = \begin{bmatrix} Y'_v & Y'_p & Y'_r - u_0 & g\cos\theta_0 & 0 \\ \dfrac{L'_v + N'_v \frac{I_{xz}}{I_x}}{\left(1 - \frac{I_{xz}^2}{I_x I_z} \right)} & \dfrac{L'_p + N'_p \frac{I_{xz}}{I_x}}{\left(1 - \frac{I_{xz}^2}{I_x I_z} \right)} & \dfrac{L'_r + N'_r \frac{I_{xz}}{I_x}}{\left(1 - \frac{I_{xz}^2}{I_x I_z} \right)} & 0 & 0 \\ \dfrac{\frac{I_{xz}}{I_z} L'_v + N'_v}{\left(1 - \frac{I_{xz}^2}{I_x I_z} \right)} & \dfrac{\frac{I_{xz}}{I_z} L'_p + N'_p}{\left(1 - \frac{I_{xz}^2}{I_x I_z} \right)} & \dfrac{\frac{I_{xz}}{I_z} L'_r + N'_r}{\left(1 - \frac{I_{xz}^2}{I_x I_z} \right)} & 0 & 0 \\ 0 & 1 & 0 & 0 & 0 \\ 0 & 0 & 1 & 0 & 0 \end{bmatrix} \begin{bmatrix} \Delta v \\ \Delta p \\ \Delta r \\ \Delta \phi \\ \Delta \psi \end{bmatrix} +$$

$$\begin{bmatrix} Y'_{\delta_r} & 0 \\ \left(\frac{I_{xz}}{I_x} N'_{\delta_r} + L'_{\delta_r} \right) & \left(\frac{I_{xz}}{I_x} N'_{\delta_a} + L'_{\delta_a} \right) \\ \left(N'_{\delta_r} + \frac{I_{xz}}{I_z} L'_{\delta_r} \right) & \left(N'_{\delta_a} + \frac{I_{xz}}{I_z} L'_{\delta_a} \right) \\ 0 & 0 \\ 0 & 0 \end{bmatrix} \begin{bmatrix} \Delta \delta_r \\ \Delta \delta_a \end{bmatrix} \qquad (5-60)$$

当 $I_{xz} = 0$ 时方程简化为

$$\begin{bmatrix} \Delta \dot{v} \\ \Delta \dot{p} \\ \Delta \dot{r} \\ \Delta \dot{\phi} \\ \Delta \dot{\psi} \end{bmatrix} = \begin{bmatrix} Y'_v & Y'_p & Y'_r - u_0 & g\cos\theta_0 & 0 \\ L'_v & L'_p & L'_r & 0 & 0 \\ N'_v & N'_p & N'_r & 0 & 0 \\ 0 & 1 & 0 & 0 & 0 \\ 0 & 0 & 1 & 0 & 0 \end{bmatrix} \begin{bmatrix} \Delta v \\ \Delta p \\ \Delta r \\ \Delta \phi \\ \Delta \psi \end{bmatrix} + \begin{bmatrix} Y'_{\delta_r} & 0 \\ L'_{\delta_r} & L'_{\delta_a} \\ N'_{\delta_r} & N'_{\delta_a} \\ 0 & 0 \\ 0 & 0 \end{bmatrix} \begin{bmatrix} \Delta \delta_r \\ \Delta \delta_a \end{bmatrix} \qquad (5-61)$$

$$\begin{bmatrix} \Delta \dot{\beta} \\ \Delta \dot{p} \\ \Delta \dot{r} \\ \Delta \dot{\phi} \\ \Delta \dot{\psi} \end{bmatrix} = \begin{bmatrix} \dfrac{Y'_\beta}{u_0} & \dfrac{Y'_p}{u_0} & \dfrac{Y'_r - u_0}{u_0} & \dfrac{g\cos\theta_0}{u_0} & 0 \\ L'_\beta & L'_p & L'_r & 0 & 0 \\ N'_\beta & N'_p & N'_r & 0 & 0 \\ 0 & 1 & 0 & 0 & 0 \\ 0 & 0 & 1 & 0 & 0 \end{bmatrix} \begin{bmatrix} \Delta \beta \\ \Delta p \\ \Delta r \\ \Delta \phi \\ \Delta \psi \end{bmatrix} + \begin{bmatrix} \dfrac{Y'_{\delta_r}}{u_0} & 0 \\ L'_{\delta_r} & L'_{\delta_a} \\ N'_{\delta_r} & N'_{\delta_a} \\ 0 & 0 \\ 0 & 0 \end{bmatrix} \begin{bmatrix} \Delta \delta_r \\ \Delta \delta_a \end{bmatrix} \qquad (5-62)$$

$$\Delta\beta = \frac{\Delta v}{u_0}$$

5.3.4　力和力矩的无量纲导数

进一步依据受力分析得到的力和力矩的参数化表达形式,求取线性状态方程的稳定导数和操纵导数,这里给出部分导数的推导举例,更多参数的推导过程见参考文献。

1) 前向速度变化引起的微分系数

根据前飞时飞行器受到的合外力为推力和阻力的和,可由阻力和推力公式推导前飞速度阻尼导数 $\frac{\partial X}{\partial u}$ 过程如下,首先考虑前飞速度对阻力的影响:

$$D = C_D \frac{1}{2}\rho V^2 S$$

$$\Delta D = \left(\rho u_0 S C_{D0} + \frac{1}{2}\rho u_0^2 S \frac{\partial C_D}{\partial u}\right)\Delta u$$

$$\Delta D = \frac{1}{2}\rho u_0 S\left(2C_{D0} + u_0 \frac{\partial C_D}{\partial u}\right)\Delta u \tag{5-63}$$

$$\Delta D = \frac{1}{2}\rho u_0 S(2C_{D0} + C_{D_u})\Delta u$$

令

$$C_{D_u} = u_0 \frac{\partial C_D}{\partial u} \tag{5-64}$$

则飞行器前飞受到的总的合外力扰动量为

$$\Delta X = \frac{\partial X}{\partial u}\Delta u = -\frac{\partial D}{\partial u}\Delta u + \frac{\partial T}{\partial u}\Delta u$$

$$X_u = \frac{\partial X}{\partial u} = -\frac{\partial D}{\partial u} + \frac{\partial T}{\partial u} \tag{5-65}$$

$$= -\frac{1}{2}\rho u_0 S(2C_{D0} + C_{D_u}) + \frac{\partial T}{\partial u}$$

再令

$$C_{X_u} = -(2C_{D0} + C_{D_u}) + C_{T_u} \tag{5-66}$$

且

$$C_{T_u} = \frac{\partial C_T}{\partial(u/u_0)} \tag{5-67}$$

式中,C_{D_u}、C_{T_u} 代表阻力系数和推力系数随前向速度的改变,它们是无量纲的数。C_{D_u} 可以通过画阻力系数和马赫数关系图估计。

$$C_{D_u} = Ma \frac{\partial C_D}{\partial Ma} = MaC_{D_{Ma}} \tag{5-68}$$

当只考虑空气动力时,有

$$X'_u = \frac{\partial X}{m \partial u} = -\frac{QS(2C_{D0} + C_{D_u})}{mu_0} \tag{5-69}$$

$$Z'_u = -\frac{\partial L}{m \partial u} = -QS(C_{L_u} + 2C_{L0})/(mu_0) \tag{5-70}$$

$$C_{Z_u} = \frac{\partial C_L}{\partial (u/u_0)} \tag{5-71}$$

同理，C_{L_u} 的估计为

$$C_{L_u} = Ma \frac{\partial C_L}{\partial Ma} = MaC_{L_{Ma}} \tag{5-72}$$

由于前向速度的改变引起的俯仰力矩的改变，有

$$\Delta M = \frac{\partial M}{\partial u}\Delta u = \frac{\partial \left(\frac{1}{2}\rho V^2 S \bar{c} C_m\right)}{\partial u}\Delta u \tag{5-73}$$

$$M'_u = \frac{\partial M}{I_y \partial u} = \frac{\rho u_0 S \bar{c}}{2I_y}\left(u_0 \frac{\partial C_m}{\partial u} + C_{m0}\right) = \frac{QS \bar{c} C_{m_u}}{u_0 I_y}$$

令

$$C_{m_u} = \frac{\partial C_m}{\partial u/u_0} \tag{5-74}$$

且有 C_{m_u} 的估计：

$$C_{m_u} = Ma \frac{\partial C_m}{\partial Ma} = MC_{m_{Ma}} \tag{5-75}$$

式中，X_u、Z_u、M_u 为有量纲的速度导数；C_{D_u}、C_{T_u}、C_{L_u}、C_{m_u} 为无量纲的速度导数。

2）俯仰角速度引起的微分系数

飞行器的俯仰运动影响机翼和平尾的空气动力学特性（见图 5-2），机翼和平尾相比，空气动力学特性的改变很小，通常计算平尾的动力学变化，附加 10% 为机翼的贡献作用。q 引起平尾迎角的变化，从而引起平尾上升力的变化如下：

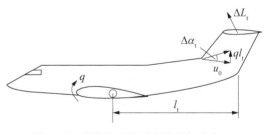

图 5-2　俯仰角速度引起的空气动力

$$\Delta L_t = C_{l_{a_t}} Q_t S_t \Delta \alpha_t$$
$$\Delta Z = -\Delta L_t = -C_{l_{a_t}} Q_t S_t \frac{q l_t}{u_0} \tag{5-76}$$

又因

$$C_Z = \frac{Z}{QS}$$
$$\Delta C_Z = -C_{l_{a_t}} \eta \frac{q l_t}{u_0} \frac{S_t}{S} \tag{5-77}$$

所以有

$$\frac{\partial C_z}{\partial q} = -C_{l_{a_t}} \eta \frac{l_t}{u_0} \frac{S_t}{S} \tag{5-78}$$

$$C_{z_q} \equiv \frac{\partial C_z}{\partial (q\bar{c}/2u_0)} = \frac{2u_0}{\bar{c}} \frac{\partial C_z}{\partial q}$$

可以得到

$$C_{z_q} = -2C_{l_{a_t}} \eta V_H \tag{5-79}$$

同理根据平尾上升力改变引起的俯仰力矩变化可以推导出如下表达式：

$$\Delta M_{cg} = -l_t \Delta L_t$$

$$\Delta C_{m_{cg}} = -C_{l_{a_t}} \eta V_H \frac{q l_t}{u_0} \tag{5-80}$$

$$C_{m_q} \equiv \frac{\partial C_m}{\partial (q\bar{c}/2u_0)} = \frac{2u_0}{\bar{c}} \frac{\partial C_m}{\partial q}$$

$$C_{m_q} = -2C_{l_{a_t}} \eta V_H \frac{l_t}{\bar{c}}$$

3）迎角的改变引起的微分系数

$C_{z_{\dot{a}}}$ 和 $C_{m_{\dot{a}}}$ 是由于机翼的下洗流到达尾翼的时间延迟 $\Delta t = l_t/u_0$ 引起的,有

$$\Delta \alpha_t = \frac{d\varepsilon}{dt} \Delta t = \frac{d\varepsilon}{d\alpha} \frac{d\alpha}{dt} \frac{l_t}{u_0} = \frac{d\varepsilon}{d\alpha} \dot{\alpha} \frac{l_t}{u_0} \tag{5-81}$$

由尾翼升力表达式可推导如下结果：

$$\Delta L_t = C_{l_{a_t}} Q_t S_t \Delta \alpha_t$$

$$\Delta C_Z = -\frac{\Delta L_t}{QS} = -C_{l_{a_t}} \eta \frac{d\varepsilon}{d\alpha} \dot{\alpha} \frac{l_t}{u_0} \frac{S_t}{S} \tag{5-82}$$

$$C_{Z_{\dot{a}}} \equiv \frac{\partial C_Z}{\partial (\dot{\alpha}\bar{c}/2u_0)} = \frac{2u_0}{\bar{c}} \frac{\partial C_Z}{\partial \dot{\alpha}}$$

$$C_{Z_{\dot{a}}} = -2\eta V_H C_{l_{a_t}} \frac{d\varepsilon}{d\alpha}$$

由尾翼升力俯仰力矩表达式可推导如下结果：

$$\Delta M_{cg} = -l_t \Delta L_t$$

$$\Delta C_{m_{cg}} = -C_{l_{a_t}} \eta V_H \frac{d\varepsilon}{d\alpha} \dot{\alpha} \frac{l_t}{u_0} \tag{5-83}$$

$$C_{m_{\dot{a}}} \equiv \frac{\partial C_M}{\partial (\dot{\alpha}\bar{c}/2u_0)} = \frac{2u_0}{\bar{c}} \frac{\partial C_M}{\partial \dot{\alpha}}$$

$$C_{m_{\dot{a}}} = -2C_{l_{a_t}} \eta V_H \frac{l_t}{\bar{c}} \frac{d\varepsilon}{d\alpha}$$

横侧向运动引起的微分系数的推导可参见书后文献。

一般来说无量纲导数能够提供飞行器的自然稳定性、控制舵面效率和机动性能等。对于飞行器设计师而言许多与飞行条件相关的稳定性导数其变化范围是已知的,同时对飞行包线内不同部分的设计目标也是已知的,因此采用无量纲导数描述解耦的线性化状态方程,将已知参数和飞行器的动力学联系更密切。表 5-1～表 5-5 给出了飞行器的纵向与横侧向导数表达式。

表 5-1　飞行器的纵向导数

$X'_u = \dfrac{-(C_{D_u} + 2C_{D0})QS}{mu_0}(\text{s}^{-1})$	$X'_w = \dfrac{-(C_{D_a} - C_{L0})QS}{mu_0}(\text{s}^{-1})$
$Z'_u = \dfrac{-(C_{L_u} + 2C_{L0})QS}{mu_0}(\text{s}^{-1})$	
$Z'_w = \dfrac{-(C_{L_a} + C_{D0})QS}{mu_0}(\text{s}^{-1})$	$Z'_{\dot{w}} = C_{Z_{\dot{a}}}\dfrac{\bar{c}}{2u_0}QS/(mu_0)$
$Z'_a = u_0 Z'_w (\text{ft/s}^2)$	$Z'_{\dot{a}} = u_0 Z'_{\dot{w}} (\text{ft/s})$
$Z'_q = C_{Z_q}\dfrac{\bar{c}}{2u_0}QS/m (\text{ft/s})$	$Z'_{\delta_e} = C_{Z_{\delta_e}}QS/m (\text{ft/s}^2)$
$M'_u = C_{m_u}\dfrac{(QS\bar{c})}{u_0 I_y}\left(\dfrac{1}{\text{ft}\cdot\text{s}}\right)$	
$M'_w = C_{m_a}\dfrac{(QS\bar{c})}{u_0 I_y}\left(\dfrac{1}{\text{ft}\cdot\text{s}}\right)$	$M'_{\dot{w}} = C_{m_{\dot{a}}}\dfrac{\bar{c}}{2u_0}\dfrac{(QS\bar{c})}{u_0 I_y}(\text{ft}^{-1})$
$M'_a = u_0 M'_w (\text{s}^{-2})$	$M'_{\dot{a}} = u_0 M'_{\dot{w}} (\text{s}^{-1})$
$M'_q = C_{m_q}\dfrac{\bar{c}}{2u_0}(QS\bar{c})/I_y (\text{s}^{-1})$	$M'_{\delta_e} = C_{m_{\delta_e}}(QS\bar{c})/I_y (\text{s}^{-2})$

表 5-2　飞行器的横侧向导数

$Y'_\beta = \dfrac{QSC_{Y_\beta}}{m}(\text{ft/s}^2)$	$N'_\beta = \dfrac{QSbC_{n_\beta}}{I_z}(\text{s}^{-2})$	$L'_\beta = \dfrac{QSbC_{l_\beta}}{I_x}(\text{s}^{-2})$
$Y'_p = \dfrac{QSbC_{Y_p}}{2mu_0}(\text{ft/s})$	$N'_p = \dfrac{QSb^2 C_{n_p}}{2I_z u_0}(\text{s}^{-1})$	$L'_p = \dfrac{QSb^2 C_{l_p}}{2I_x u_0}(\text{s}^{-1})$
$Y'_r = \dfrac{QSbC_{Y_r}}{2mu_0}(\text{ft/s})$	$N'_r = \dfrac{QSb^2 C_{n_r}}{2I_z u_0}(\text{s}^{-1})$	$L'_r = \dfrac{QSb^2 C_{l_r}}{2I_x u_0}(\text{s}^{-1})$
$Y'_{\delta_a} = \dfrac{QSC_{Y_{\delta_a}}}{m}(\text{ft/s}^2)$	$Y'_{\delta_r} = \dfrac{QSC_{Y_{\delta_r}}}{m}(\text{ft/s}^2)$	
$N'_{\delta_a} = \dfrac{QSbC_{n_{\delta_a}}}{I_z}(\text{s}^{-2})$	$N'_{\delta_r} = \dfrac{QSbC_{n_{\delta_r}}}{I_z}(\text{s}^{-2})$	
$L'_{\delta_a} = \dfrac{QSbC_{l_{\delta_a}}}{I_x}(\text{s}^{-2})$	$L'_{\delta_r} = \dfrac{QSbC_{l_{\delta_r}}}{I_x}(\text{s}^{-2})$	

表 5 - 3　系统无量纲化处理

(1)	(2)		(3)
有量纲物理量	参考当量	小扰定时参考当量	无量纲系数
X, Y, Z	$\frac{1}{2}\rho V^2 S$	$\frac{1}{2}\rho V^2 S$	C_X, C_Y, C_Z
mg	$\frac{1}{2}\rho V^2 S$	$\frac{1}{2}\rho V^2 S$	C_G
M	$\frac{1}{2}\rho V^2 S\bar{c}$	$\frac{1}{2}\rho V^2 S\bar{c}$	C_m
L, N	$\frac{1}{2}\rho V^2 Sb$	$\frac{1}{2}\rho V^2 Sb$	C_l, C_n
u, v, w	V	u_0	$\hat{u}$, $\hat{v}$, $\hat{w}$
$\dot{\alpha}$, q	$2V/\bar{c}$	$2u_0/\bar{c}$	$\hat{\dot{\alpha}}$, $\hat{q}$
$\dot{\beta}$, p, r	$2V/b$	$2u_0/b$	$\hat{\dot{\beta}}$, p, r
m	$\rho S\bar{c}/2$	$\rho S\bar{c}/2$	μ
I_y	$\rho S(\bar{c}/2)^3$	$\rho S(\bar{c}/2)^3$	$\hat{I}_y$
I_x, I_z, I_{zx}	$\rho S(b/2)^3$	$\rho S(b/2)^3$	$\hat{I}_x$, $\hat{I}_z$, $\hat{I}_{zx}$
t	—	$t^* = \bar{c}/(2u_0)$	$\hat{t}$

表 5 - 4　纵向无量纲导数

	C_X	C_Z	C_m
$\hat{u}$	C_{X_u}	C_{Z_u}	C_{m_u}
$\Delta\alpha$	C_{X_α}	C_{Z_α}	C_{m_α}
$\hat{q}$	C_{X_q}	C_{Z_q}	C_{m_q}
$\hat{\dot{\alpha}}$	$C_{X_{\dot{\alpha}}}$	$C_{Z_{\dot{\alpha}}}$	$C_{m_{\dot{\alpha}}}$

表 5 - 5　横侧向无量纲导数

	C_Y	C_l	C_n
$\Delta\beta$	C_{Y_β}	C_{L_β}	C_{n_β}
$\hat{p}$	C_{Y_p}	C_{l_p}	C_{n_p}
$\hat{r}$	C_{Y_r}	C_{l_r}	C_{n_r}
$\hat{\dot{\beta}}$	$C_{Y_{\dot{\beta}}}$	$C_{l_{\dot{\beta}}}$	$C_{n_{\dot{\beta}}}$

$$\Delta\alpha = \frac{\Delta w}{u_0} = \hat{w}$$

$$\Delta\beta = \frac{\Delta v}{u_0} = \hat{v}$$

$$(5-84)$$

式中重要的无量纲参数意义：C_{L_α} 为升力曲线斜率；C_{m_α} 为纵向静稳定性导数；C_{m_u} 为速度对俯仰力矩的影响；C_{m_q}，$C_{m_{\dot{\alpha}}}$ 为俯仰力矩阻尼导数；C_{Y_β} 为侧滑引起的侧力导数；C_{l_β} 为横滚静稳定性导数,对飞行器螺旋模态的稳定性很重要;C_{n_β}为偏航静稳定性导数,对飞行器荷兰滚模态的稳定性很重要。

5.3.5　数值小扰动线性化

当飞行器非线性方程中各个分量,特别是气动力项不能显示表达为状态和控制变量的函数时,就不能如上述那样通过微分方式获得线性方程的控制导数和微分导数,这时可以采用数值小扰动方法获得某一参考点的状态方程。例如,对于非线性方程组 $\dot{\boldsymbol{X}} = f(\boldsymbol{X}, \boldsymbol{U})$,在平衡点 $(\boldsymbol{X}_e, \boldsymbol{U}_e)$ 做泰勒展开并保留一次项得到近似表达式:

$$\dot{\boldsymbol{X}} \approx f(\boldsymbol{X}_e, \boldsymbol{U}_e) + \frac{\partial f}{\partial \boldsymbol{X}}\bigg|_{\boldsymbol{X}=\boldsymbol{X}_e, \boldsymbol{U}=\boldsymbol{U}_e} (\boldsymbol{X} - \boldsymbol{X}_e) + \frac{\partial f}{\partial \boldsymbol{U}}\bigg|_{\boldsymbol{X}=\boldsymbol{X}_e, \boldsymbol{U}=\boldsymbol{U}_e} (\boldsymbol{U} - \boldsymbol{U}_e) \tag{5-85}$$

定义雅可比矩阵 $\boldsymbol{A}$ 和 $\boldsymbol{B}$:

$$\boldsymbol{A} = \frac{\partial f}{\partial \boldsymbol{X}}\bigg|_{\boldsymbol{X}=\boldsymbol{X}_e, \boldsymbol{U}=\boldsymbol{U}_e} \tag{5-86}$$

$$\boldsymbol{B} = \frac{\partial f}{\partial \boldsymbol{U}}\bigg|_{\boldsymbol{X}=\boldsymbol{X}_e, \boldsymbol{U}=\boldsymbol{U}_e} \tag{5-87}$$

同时定义扰动变量 $\tilde{\boldsymbol{X}}$ 和 $\tilde{\boldsymbol{U}}$:

$$\tilde{\boldsymbol{X}} = \boldsymbol{X} - \boldsymbol{X}_e \tag{5-88}$$

$$\tilde{\boldsymbol{U}} = \boldsymbol{U} - \boldsymbol{U}_e \tag{5-89}$$

线性化后的微分表达式可以表示为

$$\dot{\tilde{\boldsymbol{X}}}_{\text{lon}} = \boldsymbol{A}_{\text{lon}}\tilde{\boldsymbol{X}}_{\text{lon}} + \boldsymbol{B}_{\text{lon}}\tilde{\boldsymbol{U}}_{\text{lon}} \tag{5-90}$$

$$\dot{\tilde{\boldsymbol{X}}}_{\text{lat}} = \boldsymbol{A}_{\text{lat}}\tilde{\boldsymbol{X}}_{\text{lat}} + \boldsymbol{B}_{\text{lat}}\tilde{\boldsymbol{U}}_{\text{lat}} \tag{5-91}$$

$$\tilde{\boldsymbol{X}}_{\text{lon}} = \begin{bmatrix} \tilde{u} & \tilde{w} & \tilde{q} & \tilde{\theta} \end{bmatrix}^{\text{T}}, \quad \tilde{\boldsymbol{U}}_{\text{lon}} = \begin{bmatrix} \tilde{\delta}_e & \tilde{\delta}_{\text{T}} \end{bmatrix} \tag{5-92}$$

$$\tilde{\boldsymbol{X}}_{\text{lat}} = \begin{bmatrix} \tilde{v} & \tilde{p} & \tilde{r} & \tilde{\phi} & \tilde{\psi} \end{bmatrix}^{\text{T}}, \quad \tilde{\boldsymbol{U}}_{\text{lat}} = \begin{bmatrix} \tilde{\delta}_a & \tilde{\delta}_r \end{bmatrix} \tag{5-93}$$

线性化过程中可以用差分替代微分求导求取系数矩阵 $\boldsymbol{A}$ 和 $\boldsymbol{B}$。用差分代替微分进行线性化就是数值小扰动线性化,只要差分量级相对于变量取得足够小,线性化结果会非常接近真实值,一般 $\Delta \boldsymbol{X}_j$,$\Delta \boldsymbol{U}_k$ 的量级取 10^{-4}。计算系统矩阵 $\boldsymbol{A}$ 和 $\boldsymbol{B}$ 的差分公式为

$$\boldsymbol{A}_{ij} = \frac{f_i(\boldsymbol{X}_{je} + \Delta \boldsymbol{X}_j, \boldsymbol{U}_e) - f_i(\boldsymbol{X}_{je} - \Delta \boldsymbol{X}_j, \boldsymbol{U}_e)}{2\Delta \boldsymbol{X}_j} \tag{5-94}$$

$$\boldsymbol{B}_{ij} = \frac{f_i(\boldsymbol{X}_e, \boldsymbol{U}_{ke} + \Delta \boldsymbol{U}_k) - f_i(\boldsymbol{X}_e, \boldsymbol{U}_{ke} - \Delta \boldsymbol{U}_k)}{2\Delta \boldsymbol{U}_k} \tag{5-95}$$

式中,$f_i(\boldsymbol{X}_{je} + \Delta \boldsymbol{X}_j, \boldsymbol{U}_e)$,$f_i(\boldsymbol{X}_e, \boldsymbol{U}_{ke} + \Delta \boldsymbol{U}_k)$ 分别为第 j 个扰动状态 $\Delta \boldsymbol{X}_j$ 和第 k 个扰动 $\Delta \boldsymbol{U}_k$ 输入作用下的函数值。

$\boldsymbol{6}$ 飞行器的动稳定性和动操纵性

飞行器的线性化动力学方程为微分方程形式,本章介绍微分方程的求解方法,并获得系统的传递函数,进而分别以飞机和飞艇为例,进行了两类飞行器的动稳定性和动操纵性分析。

6.1 定常线性常微分系统通解

6.1.1 齐次微分方程组求解

基本解矩阵:若 Φ_1, $\cdots$, Φ_n 为 $\boldsymbol{X}' = \boldsymbol{A}\boldsymbol{X}$ 的 n 个解,且这些解为线性独立,则 $n \times n$ 矩阵 $\boldsymbol{\Omega} = [\Phi_1, \cdots, \Phi_n]$ 为方程组 $\boldsymbol{X}' = \boldsymbol{A}\boldsymbol{X}$ 的基本解矩阵。方程组 $\boldsymbol{X}' = \boldsymbol{A}\boldsymbol{X}$ 的一般解可表示为

$$\boldsymbol{X}(t) = \boldsymbol{\Omega}(t)\boldsymbol{C} \tag{6-1}$$

式中 $\boldsymbol{C} = [c_1, c_2, \cdots, c_n]^{\mathrm{T}}$ 为任意常数所组成的 $n \times 1$ 行矩阵。

[证明] $(c_1\Phi_1 + \cdots + c_k\Phi_k)' = c_1\Phi_1' + \cdots + c_k\Phi_k' = c_1\boldsymbol{A}\Phi_1 + \cdots + c_k\boldsymbol{A}\Phi_k = \boldsymbol{A}(c_1\Phi_1 + \cdots + c_k\Phi_k)$

给定方程组:

$$\boldsymbol{X}' = \begin{bmatrix} -2 & 0 & 0 \\ 0 & 4 & 0 \\ 0 & 0 & -6 \end{bmatrix} \boldsymbol{X} \tag{6-2}$$

由于 $\boldsymbol{A}$ 为对角矩阵,此方程组可化成三个独立的微分方程式:

$$\begin{aligned} x_1' &= -2x_1 \\ x_2' &= 4x_2 \\ x_3' &= -6x_3 \end{aligned} \tag{6-3}$$

$$\boldsymbol{X} = \begin{bmatrix} c_1 \mathrm{e}^{-2t} \\ c_2 \mathrm{e}^{4t} \\ c_3 \mathrm{e}^{-6t} \end{bmatrix} \tag{6-4}$$

当 $\boldsymbol{A}$ 为对角矩阵时,基本解矩阵为

$$\boldsymbol{\Omega}_D(t) = \begin{bmatrix} e^{\lambda_1 t} & 0 & \cdots & 0 \\ 0 & e^{\lambda_2 t} & \cdots & 0 \\ \vdots & \vdots & \ddots & \vdots \\ 0 & 0 & \cdots & e^{\lambda_n t} \end{bmatrix} \tag{6-5}$$

一般解为

$$\boldsymbol{X}(t) = \boldsymbol{\Omega}(t)\boldsymbol{C} \tag{6-6}$$

而每一独立的微分方程式可容易解得

$$x_1 = c_1 e^{-2t}, \ x_2 = c_2 e^{4t}, \ x_3 = c_3 e^{-6t} \tag{6-7}$$

由此例题可知，若原方程组 $\boldsymbol{X}' = \boldsymbol{A}\boldsymbol{X}$ 中 $\boldsymbol{A}$ 原为非对角矩阵，但若可使 $\boldsymbol{A}$ 经过转换，变成另一对角矩阵，则可使方程组易于求解，而只要 $\boldsymbol{A}$ 有 n 个线性独立的特征向量 $\boldsymbol{P} = [h_1, h_2, \cdots, h_n]$，这样可将 $\boldsymbol{A}$ 对角化为

$$\boldsymbol{P}^{-1}\boldsymbol{A}\boldsymbol{P} = \boldsymbol{D} = \begin{bmatrix} \lambda_1 & 0 & \cdots & 0 \\ 0 & \lambda_2 & \cdots & 0 \\ \vdots & \vdots & \ddots & \vdots \\ 0 & 0 & \cdots & \lambda_n \end{bmatrix} \tag{6-8}$$

式中 $\boldsymbol{D}$ 为对角矩阵，而以 $\boldsymbol{A}$ 的特征值 $\lambda_1, \lambda_2, \cdots, \lambda_n$ 在其主对角线上。

解方程组 $\boldsymbol{X}' = \boldsymbol{A}\boldsymbol{X}$ 时，先作变换 $\boldsymbol{X} = \boldsymbol{P}\boldsymbol{Z}$，再代入原方程组可得

$$\boldsymbol{X}' = \boldsymbol{P}\boldsymbol{Z}' = \boldsymbol{A}\boldsymbol{X} = \boldsymbol{A}\boldsymbol{P}\boldsymbol{Z} \tag{6-9}$$

因此有

$$\boldsymbol{Z}' = \boldsymbol{P}^{-1}\boldsymbol{A}\boldsymbol{P}\boldsymbol{Z} = \boldsymbol{D}\boldsymbol{Z} \tag{6-10}$$

而 $\boldsymbol{Z}' = \boldsymbol{D}\boldsymbol{Z}$ 的基本矩阵为

$$\boldsymbol{\Omega}_D(t) = \begin{bmatrix} e^{\lambda_1 t} & 0 & \cdots & 0 \\ 0 & e^{\lambda_2 t} & \cdots & 0 \\ \vdots & \vdots & \ddots & \vdots \\ 0 & 0 & \cdots & e^{\lambda_n t} \end{bmatrix} \tag{6-11}$$

其一般解为

$$\boldsymbol{Z}(t) = \boldsymbol{\Omega}_D(t)\boldsymbol{C} \tag{6-12}$$

于是有

$$\boldsymbol{X}(t) = \boldsymbol{P}\boldsymbol{Z}(t) = \boldsymbol{P}\boldsymbol{\Omega}_D(t)\boldsymbol{C} \tag{6-13}$$

为原方程组 $\boldsymbol{X}' = \boldsymbol{A}\boldsymbol{X}$ 的一般解，即

$$\boldsymbol{\Omega}(t) = \boldsymbol{P}\boldsymbol{\Omega}_D(t) \tag{6-14}$$

为原方程组 $\boldsymbol{X}' = \boldsymbol{A}\boldsymbol{X}$ 的一基本解矩阵。注意在此过程中，不去计算 $\boldsymbol{P}^{-1}$，只用 $\boldsymbol{P}$ 及 $\boldsymbol{\Omega}_D(t)$ 即可。因此有

$$X' = AX$$
$$X = e^{At}X_0$$
$$(6-15)$$
$$X = Pe^{Dt}P^{-1}X_0$$

令向量 $P^{-1}X_0 = [c_1, c_2, \cdots, c_n]^T$，有

$$X = Pe^{Dt}Z_0 = Pe^{Dt}P^{-1}X_0 = Ce^{Dt}P \qquad (6-16)$$

$$X(t) = [h_1, h_2, \cdots, h_n]\begin{bmatrix} e^{\lambda_1 t} & 0 & \cdots & 0 \\ 0 & e^{\lambda_2 t} & \cdots & 0 \\ \vdots & \vdots & \ddots & \vdots \\ 0 & 0 & \cdots & e^{\lambda_n t} \end{bmatrix}\begin{bmatrix} c_1 \\ c_2 \\ \vdots \\ c_n \end{bmatrix}$$

$$= [h_1 e^{\lambda_1 t}, h_2 e^{\lambda_2 t}, \cdots, h_n e^{\lambda_n t}]\begin{bmatrix} c_1 \\ c_2 \\ \vdots \\ c_n \end{bmatrix} \qquad (6-17)$$

$$= c_1 h_1 e^{\lambda_1 t} + c_2 h_2 e^{h_2 t} + \cdots + c_n h_n e^{\lambda_n t}$$

$$= \sum_j c_j e^{\lambda_j(t)} h_j$$

方程的通解为

$$X(t) = \sum_j c_j e^{\lambda_j(t)} h_j = U + iV \qquad (6-18)$$

$$\frac{d}{dt}[U + iV] = \frac{dU}{dt} + \frac{dV}{dt}i = A[U + iV] \qquad (6-19)$$

则

$$\frac{dU}{dt} = AU$$
$$(6-20)$$
$$\frac{dV}{dt} = AV$$

即 U，V 和 $U-iV$ 都是方程组的解。特征向量是实变量在 $t = t_0$ 时的复值解。它的实部和虚部是方程的实值解和虚值解。每一向量所对应的特征值代表矩阵在这一向量上的贡献，$Ah_j = \lambda_j h_j$。可以证明，若 $X_0 = h_j$，则 $X(t) = e^{\lambda_j(t)} h_j$ 一个特征向量只激励其特征根所对应的运动状态。

基于欧拉公式的微分方程求解过程如下：

$$e^{j\theta} = (c\theta + js\theta)$$
$$e^{-j\theta} = (c\theta - js\theta)$$
$$c\theta = \frac{1}{2}(e^{j\theta} + e^{-j\theta}) \qquad (6-21)$$
$$s\theta = \frac{1}{2j}(e^{j\theta} - e^{-j\theta})$$

令 $\lambda = \alpha + i\beta$ 所对应的特征向量为 $h = U + iV$，则 $\bar{\lambda} = \alpha - i\beta$ 所对应的特征向量必为 $\bar{h} =$

$U-\mathrm{i}V$,则此二独立解 $\boldsymbol{h}\mathrm{e}^{\lambda t}$ 与 $\overline{\boldsymbol{h}}\,\mathrm{e}^{\bar{\lambda}t}$ 的线性组合可表示为

$$
\begin{aligned}
p &= c_1\boldsymbol{h}\mathrm{e}^{\lambda t}+c_2\overline{\boldsymbol{h}}\mathrm{e}^{\bar{\lambda}t}\\
&= c_1(\boldsymbol{U}+\mathrm{i}\boldsymbol{V})\mathrm{e}^{(\alpha+\mathrm{i}\beta)t}+c_2(\boldsymbol{U}-\mathrm{i}\boldsymbol{V})\mathrm{e}^{(\alpha-\mathrm{i}\beta)t}\\
&= \mathrm{e}^{\alpha t}\left[c_1(\boldsymbol{U}+\mathrm{i}\boldsymbol{V})\mathrm{e}^{\mathrm{i}\beta t}+c_2(\boldsymbol{U}-\mathrm{i}\boldsymbol{V})\mathrm{e}^{-\mathrm{i}\beta t}\right]\\
&= \mathrm{e}^{\alpha t}\left[c_1(\boldsymbol{U}+\mathrm{i}\boldsymbol{V})(\cos\beta t+\mathrm{i}\sin\beta t)+c_2(\boldsymbol{U}-\mathrm{i}\boldsymbol{V})(\cos\beta t-\mathrm{i}\sin\beta t)\right]\\
&= \mathrm{e}^{\alpha t}\left[(c_1+c_2)(\boldsymbol{U}\cos\beta t-\boldsymbol{V}\sin\beta t)+\mathrm{i}(c_1-c_2)(\boldsymbol{U}\sin\beta t+\boldsymbol{V}\cos\beta t)\right]\\
&= \mathrm{e}^{\alpha t}\left[d_1(\boldsymbol{U}\cos\beta t-\boldsymbol{V}\sin\beta t)+d_2(\boldsymbol{U}\sin\beta t+\boldsymbol{V}\cos\beta t)\right]\\
&= d_1\mathrm{e}^{\alpha t}(\boldsymbol{U}\cos\beta t-\boldsymbol{V}\sin\beta t)+d_2\mathrm{e}^{\alpha t}(\boldsymbol{U}\sin\beta t+\boldsymbol{V}\cos\beta t)
\end{aligned}
$$

令

$$
\begin{aligned}
\boldsymbol{U}\cos\theta+\boldsymbol{V}\sin\theta &= \boldsymbol{A}\sin(\theta+\phi)\\
\boldsymbol{U} &= \boldsymbol{A}\sin\phi,\ \boldsymbol{V}=\boldsymbol{A}\cos\phi
\end{aligned}
\tag{6-22}
$$

一般解为

$$
\boldsymbol{X}=d_1\mathrm{e}^{\alpha t}\boldsymbol{A}\sin(\beta t+\phi)+d_2\mathrm{e}^{\alpha t}\boldsymbol{A}\sin(\beta t-\phi)=k\boldsymbol{A}\sin(\beta t+\phi)
\tag{6-23}
$$

无重根时的通解形式为

$$
\begin{aligned}
x_i(t)=&\,C_{i_1}\mathrm{e}^{\lambda_1 t}+C_{i_2}\mathrm{e}^{\lambda_2 t}+\cdots+C_{i_r}\mathrm{e}^{\lambda_r t}+A_{i_1}\mathrm{e}^{n_1 t}\sin(\omega_1 t+\phi_{i_1})+\\
&\,A_{i_2}\mathrm{e}^{n_2 t}\sin(\omega_2 t+\phi_{i_2})+\cdots+A_{i_s}\mathrm{e}^{n_s t}\sin(\omega_s t+\phi_{i_s})
\end{aligned}
\tag{6-24}
$$

式中,$\lambda_1,\cdots,\lambda_r$ 为 r 个实根;$n_1\pm\mathrm{i}\omega_1,\cdots,n_s\pm\mathrm{i}\omega_s$ 为 s 对复根;系数 C_{ij}、ϕ_{ik}、A_{ik} 和初始条件有关。

6.1.2　非齐次微分方程组求解

　　由于非齐次线性微分方程的解等于齐次线性微分方程的通解加上一个特解,因此解该方程的第一步是求出方程组的一个特解。

　　由于飞行器最终状态为稳态飞行,因此稳态时状态为常数是方程的一个特解,这是状态的微分为零,可得 $\boldsymbol{A}x=-\boldsymbol{B}u$。两边同时左除矩阵 $\boldsymbol{A}$,易得 $x=-\boldsymbol{A}\backslash(\boldsymbol{B}u)$。因此该非齐次方程的解为该特解加上齐次方程的通解,形式如下:

$$
x=c_1\boldsymbol{h}_1\mathrm{e}^{\lambda_1 t}+c_2\boldsymbol{h}_2\mathrm{e}^{\lambda_2 t}+c_3\boldsymbol{h}_3\mathrm{e}^{\lambda_3 t}+c_4\boldsymbol{h}_4\mathrm{e}^{\lambda_4 t}-\boldsymbol{A}\backslash(\boldsymbol{B}u)
\tag{6-25}
$$

4 个未知常数由初值条件求出。

　　由本问题的初值条件为 $x(0)\,|_{t=0}=0$,可得 $c_1\boldsymbol{h}_1+c_2\boldsymbol{h}_2+c_3\boldsymbol{h}_3+c_4\boldsymbol{h}_4=\boldsymbol{A}\backslash(\boldsymbol{B}u)$,由于 c_1 至 c_4 为标量常数,而 $\boldsymbol{h}_1$ 至 $\boldsymbol{h}_4$ 为列向量,因此该初值条件可以表达为

$$
[\boldsymbol{h}_1,\ \boldsymbol{h}_2,\ \boldsymbol{h}_3,\ \boldsymbol{h}_4]\cdot\begin{bmatrix}c_1\\c_2\\c_3\\c_4\end{bmatrix}=\boldsymbol{A}\backslash(\boldsymbol{B}u)
\tag{6-26}
$$

　　这里 $[\boldsymbol{h}_1,\ \boldsymbol{h}_2,\ \boldsymbol{h}_3,\ \boldsymbol{h}_4]$ 为 4×4 方矩阵。由此,待定常数可通过线性求解得到。

6.2　运动模态和模态参数

典型运动模态：每个实特征根或每对复特征根代表一种简单运动，称为典型运动模态。飞行器总运动由各典型运动模态迭加组成。图 6-1 给出了特征根与系统的动态响应。

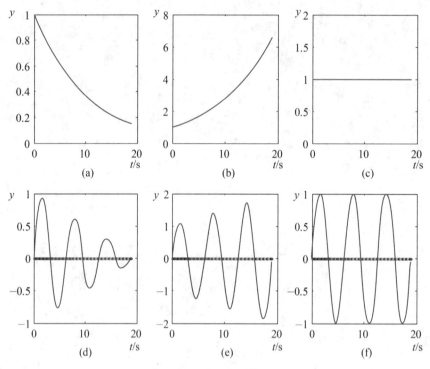

图 6-1　特征根与系统的动态响应

(a) $\lambda_j < 0$ 单调衰减　(b) $\lambda_j > 0$ 单调发散　(c) $\lambda_j = 0$ 等值
(d) $n_k < 0$ 阻尼震荡　(e) $n_k > 0$ 发散震荡　(f) $n_k = 0$ 等幅震荡

实型特征根为

$$y = e^{\lambda_j t} \tag{6-27}$$

复型特征根为

$$\lambda_k = n_k \pm i\omega_k$$
$$y = e^{n_k t} \sin(\omega_k t \pm \phi) \tag{6-28}$$

初始状态非零时，当且仅当所有 λ_j 或 $n_k \pm i\omega_k$ 具有负实部时，$x_i(\infty) \to 0$。每一模态对各个状态参数 x_i 的影响体现在其幅值和相位，这与特征值对应的特征向量有关。

给出飞行器的运动模态，描述飞行特点的主要模态参数为

(1) 半衰期或倍幅时（$T_{1/2}$ 或 T_2）。

半衰期为阻尼振荡振幅包线或单调衰减运动幅度减至初始一半所需时间。倍幅时为发散

振荡振幅包线或单调发散运动幅度增至初始 2 倍所需的时间。若 $\lambda = \lambda_j$ 为负实根,则有

$$\frac{x_i(t)\mid_{\lambda_j}}{x_i(0)\mid_{\lambda_j}} = 1/2, \ \mathrm{e}^{\lambda_j t} = 1/2, \ t = -\frac{\ln 2}{\lambda_j} = T_{1/2}\mid_{\lambda_j} \tag{6-29}$$

总之,实根或共轭复根对应的半衰期或倍幅时为

$$T_{1/2} = \frac{0.693}{\mid \lambda_j \mid}, \ T_2 = \frac{0.693}{\mid n_k \mid}$$

(2) 周期 T 或频率 N。

周期为振动一次所需时间,$T = \dfrac{2\pi}{\omega_k}$,频率为单位时间的振动次数,$N = \dfrac{1}{T}$。

(3) 半衰时或倍增时内振荡次数。

$$N_{1/2} = \frac{T_{1/2}}{T} = -\frac{0.693}{2\pi}\frac{\omega_k}{n_k} \approx -0.11\frac{\omega_k}{n_k}, \ N_2 = \frac{T_2}{T} \approx 0.11\frac{\omega_k}{n_k} \tag{6-30}$$

6.3　拉普拉斯变换和传递函数

Laplace 的重大发现:$x(t)$ 与其积分 $\displaystyle\int_0^\infty \mathrm{e}^{-s\tau}x(\tau)\mathrm{d}\tau$ 之间是一一映射的。参数 s 作用是使积分收敛。

例如:$\displaystyle\int_0^\infty \mathrm{e}^{-s\tau}\tau\mathrm{d}\tau = \frac{1}{s^2}$,$\displaystyle\int_0^\infty \mathrm{e}^{-s\tau}\tau^3\mathrm{d}\tau = \frac{6}{s^4}$,$\displaystyle\int_0^\infty \mathrm{e}^{-s\tau}\tau^2\mathrm{d}\tau = \frac{2}{s^3}$,$\displaystyle\int_0^\infty \mathrm{e}^{-s\tau}\cos(\omega\tau)\mathrm{d}\tau = \frac{s}{s^2+\omega^2}$,

$\displaystyle\int_0^\infty \mathrm{e}^{-s\tau}\sin(\omega\tau)\mathrm{d}\tau = \frac{\omega}{s^2+\omega^2}$。

1) 拉普拉斯变换定义

$$F(s) = L[f(t)] = \int_0^\infty f(t)\mathrm{e}^{-st}\mathrm{d}t \tag{6-31}$$

拉氏变换是将给定的函数通过广义积分转换成一个新的函数,是一种积分变换,一般在科学技术中遇到的函数,它的拉氏变换总是存在的,故以后不再对其存在性进行讨论。

2) 拉式变换的微分定理

设 $L[f(t)] = F(s)$,函数 $f(t)$ 的微分的拉普拉斯变换为

$$L\left[\frac{\mathrm{d}}{\mathrm{d}t}f(t)\right] = sF(s) - f(0) \tag{6-32}$$

式中 $f(0)$ 是 $f(t)$ 在 $t=0$ 时的值。

$$L\left[\frac{\mathrm{d}^2}{\mathrm{d}t^2}f(t)\right] = s[sF(s) - f(0)] - \dot{f}(0) = s^2F(s) - sf(0) - \dot{f}(0) \tag{6-33}$$

3) 拉式变换的积分定理

$$L\left[\int f(t)\mathrm{d}t\right] = \frac{1}{s}F(s) + \frac{1}{s}f^{-1}(0) \tag{6-34}$$

$f^{-1}(0)$ 是 $\int f(t)\mathrm{d}t$ 在 $t=0$ 时刻的值。

$$L\left[\int\cdots\int f(t)\mathrm{d}t^n\right]=\frac{1}{s^n}F(s)+\frac{1}{s^n}f^{-1}(0)+\cdots+\frac{1}{s}f^{-n}(0)\qquad(6-35)$$

当初始条件为 0 时,有

$$L\left[\int f(t)\mathrm{d}t\right]=\frac{1}{s}F(s)\qquad(6-36)$$

利用拉普拉斯变换解微分方程思路例题:

$$\dot{x}(t)+3x(t)=0$$

对微分方程每一项进行拉普拉斯变换:$L[\dot{x}(t)]+L[3x(t)]=L[0]$,得到关于 $X(s)$ 的代数方程 $[sX(s)-x(0)]+3X(s)=0$,解出 $X(s)$;再进行拉普拉斯逆变换,得到 $x(t)$:$\Rightarrow X(s)=\dfrac{x(0)}{s+3}\Rightarrow x(t)=x(0)\mathrm{e}^{-3t}$。

表 6-1 给出了常用函数的 Laplace 变换。

表 6-1　常用函数的 Laplace 变换

$f(t)$	$F(s)$	$f(t)$	$F(s)$	$f(t)$	$F(s)$
$\delta(t)$	1	$\mathrm{e}^{-at}f(t)$	$F(s+a)$	$\dfrac{\mathrm{d}\delta(t)}{\mathrm{d}t}$	s
1	$1/s$	$\dfrac{\mathrm{d}f(t)}{\mathrm{d}t}$	$sF(s)-f(0)$	t^n	$n!/s^{n+1}$
e^{-at}	$\dfrac{1}{s+a}$	$tf(t)$	$-\dfrac{\mathrm{d}F(s)}{\mathrm{d}s}$	$\mathrm{e}^{-at}\sin\omega t$	$\dfrac{\omega}{(s+a)^2+\omega^2}$
$\sin\omega t$	$\dfrac{\omega}{s^2+\omega^2}$	$\cos\omega t$	$\dfrac{s}{s^2+\omega^2}$	$\mathrm{e}^{-at}\cos\omega t$	$\dfrac{s+a}{(s+a)^2+\omega^2}$

传递函数是指线性定常系统在零初始条件下,输出量的拉斯变换与输入量的拉斯变换之比。零初始条件的含义:

(1) 系统输入量及其各阶导数在 $t=0$ 时的值均为零;

(2) 系统输出量及其各阶导数在 $t=0$ 时的值也为零。

设系统的输入量为 $r(t)$,输出量为 $y(t)$,则其传递函数 $G(s)$ 定义为

$$G(s)=\frac{L[y(t)]}{L[r(t)]}=\frac{Y(s)}{R(s)}\qquad(6-37)$$

对于 n 阶线性定常系统,其微分方程的一般表达式为

$$a_0\frac{\mathrm{d}^n}{\mathrm{d}t^n}y(t)+a_1\frac{\mathrm{d}^{n-1}}{\mathrm{d}t^{n-1}}y(t)+\cdots+a_{n-1}\frac{\mathrm{d}}{\mathrm{d}t}y(t)+a_ny(t)$$
$$=b_0\frac{\mathrm{d}^m}{\mathrm{d}t^m}r(t)+b_1\frac{\mathrm{d}^{m-1}}{\mathrm{d}t^{m-1}}r(t)+\cdots+b_{m-1}\frac{\mathrm{d}}{\mathrm{d}t}r(t)+b_mr(t)\qquad(6-38)$$

在初始条件为零时,对式两端进行拉氏变换,可得

$$G(s) = \frac{Y(s)}{R(s)} = \frac{b_0 s^m + b_1 s^{m-1} + \cdots + b_{m-1} s + b_m}{a_0 s^n + a_1 s^{n-1} + \cdots + a_{n-1} s + a_n} \qquad (6-39)$$

传递函数的性质:

(1) 传递函数只与系统本身的结构参数有关。

(2) 传递函数只适用于线性定常系统。

(3) 传递函数是在零初始条件下导出的,因此传递函数原则上不能反映系统在非零初始条件下的全部运动规律。

(4) 传递函数是复变量 s 的有理分式,对于实际的物理系统来说,分子多项式的阶次 m 不高于分母多项式的阶次 n,即 $n \geqslant m$。

(5) 一个传递函数只能表示一个输入量对一个输出量的关系。

6.4　线性系统的时域分析

线性系统的时域分析有直观特点,其典型输入信号有:单位阶跃、单位斜坡、单位脉冲、单位加速度、正弦等。典型时间响应有:单位阶跃响应、单位斜坡响应、单位脉冲响应、单位加速度响应。系统的时间响应,由过渡过程和稳态过程两部分组成,相应的性能指标分为动态指标和稳态指标。

过渡过程:指系统在典型输入信号作用下,系统输出量从初始状态到最终状态的响应过程,又称动态过程、瞬态过程。

稳态过程:指系统在典型输入信号作用下,当时间 t 趋于无穷时,系统输出量的表现形式。

6.4.1　阶跃响应性能指标

(1) 延迟时间 t_d:响应曲线第一次达到其终值一半所需时间。

(2) 上升时间 t_r:响应从终值 10% 上升到终值 90% 所需时间。对有振荡系统亦可定义为响应从零到第一次上升到终值所需时间。上升时间是响应速度的量度。

(3) 峰值时间 t_p:响应超过终值到达第一个峰值所需时间 $t_p = \dfrac{\pi}{\sqrt{1-\zeta^2}\,\omega_n}$。

(4) 时间常数 τ:系统达到其稳态输出值的 0.632 的时间,二阶系统 $\tau = \dfrac{1}{\omega_n}$。

(5) 调节时间 t_s:系统达到稳态值的 95% ~ 98% 时的时间,二阶系统 $t_s = \dfrac{3}{\zeta\omega_n} \sim \dfrac{4}{\zeta\omega_n}$,$0.3 < \zeta < 0.8$。

(6) 超调量:响应的最大偏离量 $h(t_p)$ 与终值 $h(\infty)$ 之差的百分比,即 $\sigma\% = \dfrac{c(t_p) - c(\infty)}{c(\infty)} \times 100\% = \mathrm{e}^{-\zeta\pi/\sqrt{1-\zeta^2}} \times 100\%$。

(7) 稳态性能:由稳态误差(steady state error)描述。

图 6－2 给出了典型系统时域响应特性曲线。

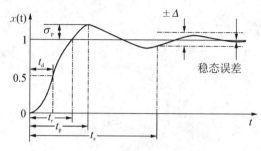

图 6－2　典型系统时域响应特性曲线

6.4.2　二阶系统的时域分析

典型控制系统的运动方程为二阶微分方程,称为二阶系统。

$$\frac{\mathrm{d}^2 x}{\mathrm{d}t^2} + 2\zeta\omega_{\mathrm{n}}\frac{\mathrm{d}x}{\mathrm{d}t} + \omega_{\mathrm{n}}^2 x = k\delta \tag{6-40}$$

取拉氏变换有

$$s^2 X(s) + 2\zeta\omega_{\mathrm{n}} s X(s) + \omega_{\mathrm{n}}^2 X(s) = k\delta(s)$$

整理得传递函数:

$$\frac{X(s)}{\delta(s)} = \Phi(s) = \frac{k}{s^2 + 2\zeta\omega_{\mathrm{n}} s + \omega_{\mathrm{n}}^2} \tag{6-41}$$

式中,ω_{n} 为自然频率;ζ 为阻尼比。

单位阶跃函数 $1(t) = \begin{cases} 0, & t < 0 \\ 1, & t \geqslant 0 \end{cases}$, $L[1] = \frac{1}{s}$

其输出的拉氏变换为

$$X(s) = \Phi(s)\delta(s) = \frac{k}{s^2 + 2\zeta\omega_{\mathrm{n}} s + \omega_{\mathrm{n}}^2}\frac{1}{s} = \frac{k}{s(s + s_1)(s + s_2)}$$

二阶系统特征方程为

$$s^2 + 2\zeta\omega_{\mathrm{n}} s + \omega_{\mathrm{n}}^2 = 0$$

其根决定了系统的响应形式:

$$\lambda_{1,2} = -\zeta\omega_{\mathrm{n}} \pm \omega_{\mathrm{n}}\sqrt{\zeta^2 - 1} \tag{6-42}$$

1) 欠阻尼二阶系统($0 < \zeta < 1$)［见图 6－3(a)］

系统有一对共轭复根

$$\lambda_{1,2} = -\zeta\omega_{\mathrm{n}} \pm j\omega_{\mathrm{n}}\sqrt{1 - \zeta^2} = -\sigma \pm j\omega_d$$

阶跃响应为

$$x(t) = 1 - \frac{e^{-\zeta\omega_n t}}{\sqrt{1-\zeta^2}} \sin(\omega_d t + \beta)\,(t \geqslant 0),\ \beta = \arccos \zeta,\ \omega_d = \omega_n \sqrt{1-\zeta^2}$$

　　欠阻尼二阶系统的单位阶响应由稳态和瞬态两部分组成:稳态部分等于1,表明不存在稳态误差;瞬态部分是阻尼正弦振荡过程,阻尼的大小由 $\omega\zeta_n$(即 σ,特征根实部)决定;振荡角频率为阻尼振荡角频率 ω_d(特征根虚部),其值由阻尼比 ζ 和自然振荡角频率 ω_n 决定。

　　2)临界阻尼二阶系统($\zeta=1$)[见图6-3(b)]

　　系统有两个相同的负实根

$$\lambda_{1,2} = -\omega_n$$

阶跃响应为

$$x(t) = 1 - e^{-\omega_n t}(1 + \omega_n t)$$

　　系统单位阶跃响应是无超调、无振荡单调上升的,不存在稳态误差。

　　3)无阻尼二阶系统($\zeta=0$)[见图6-3(c)]

　　此时系统有两个纯虚根

$$\lambda_{1,2} = \pm j\omega_n$$

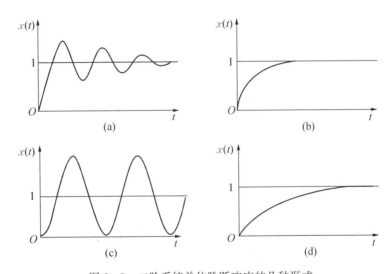

图6-3　二阶系统单位阶跃响应的几种形式

(a) 欠阻尼,$\lambda_{1,2} = -\zeta\omega_n \pm j\omega_n\sqrt{1-\zeta^2} = -\sigma \pm j\omega_d$　(b) 临界阻尼,$\lambda_{1,2} = -\omega_n$
(c) 无阻尼,$\lambda_{1,2} = \pm j\omega_n$　(d) 过阻尼,$\lambda_{1,2} = -\zeta\omega_n \pm \omega_n\sqrt{\zeta^2-1} = T_1,T_2(T_1 > T_2)$

阶跃响应为

$$x(t) = 1 - \cos\omega_n t$$

　　系统单位阶跃响应为一条不衰减的等幅余弦振荡曲线。

4) 过阻尼二阶系统($\zeta > 1$)[见图 6-3(d)]

此时系统有两个不相等负实根

$$\lambda_{1,2} = \pm j\omega_{n1,2} = -\zeta\omega_n \pm \omega_n \sqrt{\zeta^2 - 1} = T_1, T_2 (T_1 > T_2)$$

阶跃响应为

$$x(t) = 1 + \frac{1}{\dfrac{T_2}{T_1} - 1} e^{-\frac{1}{T_1}t} + \frac{1}{\dfrac{T_1}{T_2} - 1} e^{-\frac{1}{T_2}t}$$

系统的单位跃响应无振荡、无超调、无稳态误差。

以上几种情况的单位阶跃响应曲线如图 6-4 所示。

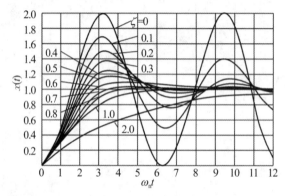

图 6-4   二阶系统阶跃响应曲线与阻尼比关系

表 6-2 给出了模态特性指标。

表 6-2   模态特性指标

指 标	计算公式
半衰期或倍幅时	$T_{1/2} = \dfrac{0.693}{\lvert \lambda_j \rvert}$, $T_2 = \dfrac{0.693}{\lvert n_k \rvert}$
振荡模态的周期	$T = 2\pi/\omega_k$
半衰时或倍增时内振荡次数	$N_{1/2} \approx -0.11\dfrac{\omega_k}{n_k}$, $N_2 \approx 0.11\dfrac{\omega_k}{n_k}$
无阻尼自然振荡角频率	$\omega_n = \sqrt{n_k^2 + \omega_k^2}$
阻尼比	$\zeta = -n_k/\sqrt{n_k^2 + \omega_k^2} = -n_k/\omega_n$ $n_k = -\zeta\omega_n$
阻尼振荡角频率	$\omega_k = \omega_n\sqrt{1-\zeta^2}$
时间常数	$\tau = -1/\lambda$(一阶系统) $\tau = 1/\omega_n$(二阶系统)
95%调节时间	$t_s = 3\tau \sim 4\tau$(一阶系统) $t_s = \dfrac{3}{\zeta\omega_n} \sim \dfrac{4}{\zeta\omega_n}$(二阶系统)

6.5　飞机的纵向动稳定性和操纵性

6.5.1　纵向运动模态分析

每一个模态在运动中所起的作用不同,通常可用特征矢量来表示。同一模态在运动中反映大小和相位先后。首先需要对扰动状态进行归一化处理,从而进行相对大小的比较。归一化的好处在于,参与计算的量数值相差不大,避免或减少截断误差。飞机的纵向运动状态方程(5-58)如下所示:

$$
\begin{bmatrix} \Delta \dot{u} \\ \Delta \dot{w} \\ \Delta \dot{q} \\ \Delta \dot{\theta} \end{bmatrix} = \begin{bmatrix} X'_u & X'_w & 0 & -g\cos\theta_0 \\ Z'_u & Z'_w & u_0 & -g\sin\theta_0 \\ M'_u + M'_{\dot{w}}Z'_u & M'_w + M'_{\dot{w}}Z'_w & M_q + M'_{\dot{w}}u_0 & 0 \\ 0 & 0 & 1 & 0 \end{bmatrix} \begin{bmatrix} \Delta u \\ \Delta w \\ \Delta q \\ \Delta \theta \end{bmatrix} +
$$

$$
\begin{bmatrix} X'_{\delta_e} & X'_{\delta_T} \\ Z'_{\delta_e} & Z'_{\delta_T} \\ M'_{\delta_e} + M_{\dot{w}}Z'_{\delta_e} & M'_{\delta_T} + M'_{\dot{w}}Z'_{\delta_T} \\ 0 & 0 \end{bmatrix} \begin{bmatrix} \Delta \delta_e \\ \Delta \delta_T \end{bmatrix}
$$

计算纵向特征向量,得

$$
\begin{aligned}
(\lambda_j - A_{11})\Delta u_j - A_{12}\Delta w_j - A_{13}\Delta q_j - A_{14}\Delta \theta_j &= 0 \\
-A_{21}\Delta u_j + (\lambda_j - A_{22})\Delta w_j - A_{23}\Delta q_j - A_{24}\Delta \theta_j &= 0 \\
-A_{31}\Delta u_j - A_{32}\Delta w_j + (\lambda_j - A_{33})\Delta q_j - A_{34}\Delta \theta_j &= 0 \\
-A_{41}\Delta u_j - A_{42}\Delta w_j - A_{43}\Delta q_j + (\lambda_j - A_{44})\Delta \theta_j &= 0
\end{aligned}
\tag{6-43}
$$

式(6-43)中 λ 和 $\boldsymbol{A}$ 都是已知的,用一个未知数 θ 除以上述方程,得到 4 个方程和 3 个未知比值的关系式,任取 3 个方程可以得到特征向量为

$$
\begin{aligned}
(\lambda_j - A_{11})\frac{\Delta u_j}{\Delta \theta_j} - A_{12}\frac{\Delta w_j}{\Delta \theta_j} - A_{13}\frac{\Delta q_j}{\Delta \theta_j} &= A_{14} \\
-A_{21}\frac{\Delta u_j}{\Delta \theta_j} + (\lambda_j - A_{22})\frac{\Delta w_j}{\Delta \theta_j} - A_{23}\frac{\Delta q_j}{\Delta \theta_j} &= A_{24} \\
-A_{31}\frac{\Delta u_j}{\Delta \theta_j} - A_{32}\frac{\Delta w_j}{\Delta \theta_j} + (\lambda_j - A_{33})\frac{\Delta q_j}{\Delta \theta_j} &= A_{34}
\end{aligned}
\tag{6-44}
$$

这组方程产生的特征向量为相对俯仰运动幅值,其数值为 1 时,其余运动量的幅值为

$$
\begin{bmatrix} \dfrac{\Delta u}{\Delta \theta} & \dfrac{\Delta w}{\Delta \theta} & \dfrac{\Delta q}{\Delta \theta} & 1 \end{bmatrix}
$$

通过无量纲化处理,进行运动状态量幅值大小比较才有意义。无量纲化为

$$\left[\frac{\Delta u/u_0}{\Delta \theta} \quad \frac{\Delta w/u_0}{\Delta \theta} \quad \frac{\Delta q \bar{c}/2u_0}{\Delta \theta} \quad 1 \right]$$

以下章节为了书写方便，扰动变量前省略 Δ 符号。

B747 在马赫数为 $Ma=0.8$、高度为 40 000 ft 水平飞行下的纵向运动状态方程为

$$\boldsymbol{A} = \begin{bmatrix} -0.006\,9 & 0.013\,9 & 0 & -9.810\,0 \\ -0.090\,5 & -0.314\,9 & 235.892\,8 & 0 \\ 0.000\,4 & -0.003\,4 & -0.428\,2 & 0 \\ 0 & 0 & 1.000\,0 & 0 \end{bmatrix} \quad 和 \quad \boldsymbol{B} = \begin{bmatrix} -0.000\,1 & 2.943\,0 \\ -5.507\,9 & 0 \\ -1.156\,9 & 0 \\ 0 & 0 \end{bmatrix}$$

计算机计算系统的特征向量和特征值分别为

$$\boldsymbol{V} = \begin{bmatrix} 0.015\,6+0.024\,4i & 0.015\,6-0.024\,4i & -0.025\,4+0.616\,5i & -0.025\,4-0.616\,5i \\ 1.020\,2+0.355\,3i & 1.020\,2-0.355\,3i & 0.004\,5+0.035\,6i & 0.004\,5-0.035\,6i \\ -0.006\,6+0.015\,6i & -0.006\,6-0.015\,6i & -0.000\,1+0.001\,2i & -0.000\,1-0.001\,2i \\ 1.000\,0 & 1.000\,0 & 1.000\,0 & 1.000\,0 \end{bmatrix}$$

$$\boldsymbol{ev} = \begin{bmatrix} -0.371\,7+0.886\,9i \\ -0.371\,7-0.886\,9i \\ -0.003\,3+0.067\,2i \\ -0.003\,3-0.067\,2i \end{bmatrix}$$

表 6-3 与表 6-4 分别给出了纵向运动模态性能指标与特征向量。

表 6-3　纵向运动模态性能指标

模态	T/s	$T_{1/2}/s$	$N_{1/2}/s$
长周期	93.4	211	22.5
短周期	7.08	1.86	0.26

表 6-4　纵向运动模态特征向量

	长周期		短周期	
	相对幅值	相位/(°)	相对幅值	相位/(°)
$\hat{u}$	0.62	92.4	0.029	57.4
$\hat{w}$	0.036	82.8	1.08	19.2
$\hat{q}$	0.001 2	92.8	0.017	112.7
θ	1.0	0	1.0	0

一般飞行器的纵向运动特征多项式具有两个二次因式之积的形式，两个二次因式分别代表长周期模态和短周期模态，一般情况下，长周期模态对应一对较小的共轭复根，具有振动周期长、衰减较慢的特点，而短周期模态对应一对较大的共轭复根，具有振动周期短、衰减较快的特点。

短周期模态：主要发生在干扰消失后的最初阶段。飞行器的扰动运动主要是飞行器绕重心的摆动过程，表现为迎角和俯仰角速度周期性迅速变化，而飞行速度则基本上保持不变，在几秒钟内即可恢复。

长周期模态：主要发生在干扰运动的后一阶段。飞行器的扰动运动主要是飞行器重心运动的振荡过程，表现为飞行速度和航迹爬升角周期性缓慢变化，飞行器的迎角基本恢复到原来的迎角并保持不变。

选择特征向量的实部作为初始状态，进行运动方程扰动响应分析：短周期和长周期初始状态分别为：

$$
\boldsymbol{x}_0 = \begin{bmatrix} u \\ \alpha \\ q \\ \theta \end{bmatrix} = \begin{bmatrix} 0.021\,1 \\ 0.999\,6 \\ -0.000\,2 \\ 0.003\,7 \end{bmatrix} \text{和} \ \boldsymbol{x}_0 = \begin{bmatrix} u \\ \alpha \\ q \\ \theta \end{bmatrix} = \begin{bmatrix} -0.998\,3 \\ -0.057\,3 \\ -0.000\,5 \\ 0.000\,3 \end{bmatrix}
$$

图 6-5 给出了飞行器纵向运动模态图和扰动运动。

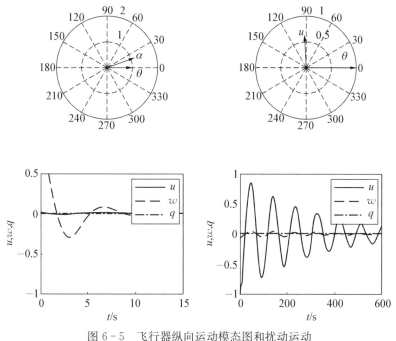

图 6-5　飞行器纵向运动模态图和扰动运动

可见特征值对应不同的运动模态，代表每一个运动变量在不同运动模态中运动的模态参数，如半衰期、周期等，特征值为复数只是代表正弦运动形式，一个特征值对应一组特征向量，特征向量代表运动方程的一组解，特征向量的每一项代表一个状态的解，幅值代表该变量在特征值代表的运动模态中的运动幅值大小，相位代表该变量在特征值代表的运动模态中的初始位置。

同一变量在不同的特征值模态中运动的模态参数是不同的，但幅值大的状态代表该模态中的主要运动变量。

飞行过程中,驾驶员对两种运动模态的感觉和要求是不同的。对于短周期模态,运动参数迎角、俯仰角速度变化快,驾驶员往往来不及反应并予以制止,因而影响到飞行安全、乘员的舒适和操纵反应特性等,所以对这种模态提出的要求较高(见图 6-6)。

图 6-6 飞行器纵向运动短周期运动模态

对于长周期模态,因为它振荡周期长,运动参数速度、航迹角变化缓慢,驾驶员有足够的时间进行纠正,所以对模态要求比前者要低(见图 6-7)。

图 6-7 飞行器纵向运动长周期运动模态

6.5.2 纵向运动模态近似

长周期近似:对于长周期运动,可以认为短周期运动基本结束,俯仰运动处于平衡状态,可舍去,迎角变化近似为零:$\Delta\alpha = \dfrac{\Delta w}{u_0} = 0 \Rightarrow \Delta w = 0$,有等式 $Z'_u \Delta u + \Delta q u_0 = 0$。

$$\begin{bmatrix} \Delta\dot{u} \\ \dot{\Delta\theta} \end{bmatrix} = \begin{bmatrix} X'_u & -g \\ -\dfrac{Z'_u}{u_0} & 0 \end{bmatrix} \begin{bmatrix} \Delta u \\ \Delta\theta \end{bmatrix} \tag{6-45}$$

$$\begin{vmatrix} \lambda - X'_u & g \\ \dfrac{Z'_u}{u_0} & \lambda \end{vmatrix} = 0$$

$$\lambda = X'_u \pm \sqrt{X'^2_u + 4\dfrac{Z'_u g}{u_0}}\Big/2 \tag{6-46}$$

忽略压缩效应 $C_{D_u} = C_{L_u} = 0$,$X'_u = -\dfrac{2QSC_{D0}}{mu_0}$,$Z'_u = -\dfrac{2QSC_{L0}}{mu_0}$ 代入上式有

$$\omega_n = \sqrt{-\dfrac{Z'_u g}{u_0}} = \sqrt{2}\,\dfrac{g}{u_0}$$

$$\zeta = \dfrac{-X'_u}{2\omega_n} = \dfrac{1}{\sqrt{2}}\dfrac{1}{L/D} \tag{6-47}$$

振动频率和阻尼比分别反比于前向速度和升阻比,为了增加阻尼比可以减少升阻比,这是不可取的,因此采用自动增稳。

短周期近似:对于短周期运动,可以认为长周期运动还未开始,只考虑短周期运动状态

方程：

$$\begin{bmatrix} \Delta \dot{w} \\ \Delta \dot{q} \end{bmatrix} = \begin{bmatrix} Z'_w & u_0 \\ M'_w + M'_{\dot{w}} Z'_w & M'_q + M'_{\dot{w}} u_0 \end{bmatrix} \begin{bmatrix} \Delta w \\ \Delta q \end{bmatrix} \tag{6-48}$$

$$\begin{bmatrix} \Delta \dot{\alpha} \\ \Delta \dot{q} \end{bmatrix} = \begin{bmatrix} \dfrac{Z'_\alpha}{u_0} & 1 \\ M'_\alpha + M'_{\dot{\alpha}} \dfrac{Z'_\alpha}{u_0} & M'_q + M'_{\dot{\alpha}} \end{bmatrix} \begin{bmatrix} \Delta \alpha \\ \Delta q \end{bmatrix} \tag{6-49}$$

$$\lambda^2 - \left(M'_q + M'_{\dot{\alpha}} + \frac{Z'_\alpha}{u_0} \right) \lambda + M'_q \frac{Z'_\alpha}{u_0} - M'_\alpha = 0 \tag{6-50}$$

解得

$$\lambda = \left(M'_q + M'_{\dot{\alpha}} + \frac{Z'_\alpha}{u_0} \right) / 2 \pm \left[\left(M'_q + M'_{\dot{\alpha}} + \frac{Z'_\alpha}{u_0} \right)^2 - 4 \left(M'_q \frac{Z'_\alpha}{u_0} - M'_\alpha \right) \right]^{1/2} / 2$$

$$\omega_n = \left(M'_q \frac{Z'_\alpha}{u_0} - M'_\alpha \right)^{1/2}$$

$$\zeta = - \left(M'_q + M'_{\dot{\alpha}} + \frac{Z'_\alpha}{u_0} \right) / 2\omega_n$$

6.5.3 纵向运动传递函数

纵向运动状态方程可以根据格雷姆法则，计算其传递函数矩阵：

$$\begin{cases} \left(\dfrac{d}{dt} - X'_u \right) \Delta u - X'_w \Delta w + g \Delta \theta = X'_\delta \Delta \delta \\ -Z'_u \Delta u + \left(\dfrac{d}{dt} - Z'_w \right) \Delta w - u_0 \dfrac{d}{dt} \Delta \theta = Z'_\delta \Delta \delta \\ -M'_u \Delta u - \left(M'_{\dot{w}} \dfrac{d}{dt} + M'_w \right) \Delta w + \left(\dfrac{d^2}{dt^2} - M'_q \dfrac{d}{dt} \right) \Delta \theta = M'_\delta \Delta \delta \end{cases} \tag{6-51}$$

$$\begin{cases} (s - X'_u) \dfrac{\Delta u}{\Delta \delta} - X'_w \dfrac{\Delta w}{\Delta \delta} + g \dfrac{\Delta \theta}{\Delta \delta} = X'_\delta \\ -Z'_u \dfrac{\Delta u}{\Delta \delta} + (s - Z'_w) \dfrac{\Delta w}{\Delta \delta} - u_0 s \dfrac{\Delta \theta}{\Delta \delta} = Z'_\delta \\ -M'_u \dfrac{\Delta u}{\Delta \delta} - (M'_{\dot{w}} s + M'_w) \dfrac{\Delta w}{\Delta \delta} + s(s - M'_q) \dfrac{\Delta \theta}{\Delta \delta} = M'_\delta \end{cases} \tag{6-52}$$

$$\frac{\Delta \theta}{\Delta \delta} = \frac{\begin{vmatrix} (s - X'_u) & -X'_w & X'_\delta \\ -Z'_u & (s - Z'_w) & Z'_\delta \\ -M'_u & -(M'_{\dot{w}} s + M'_w) & M'_\delta \end{vmatrix}}{\begin{vmatrix} (s - X'_u) & -X'_w & g \\ -Z'_u & (s - Z'_w) & -u_0 s \\ -M'_u & -(M'_{\dot{w}} s + M'_w) & s(s - M'_q) \end{vmatrix}} \tag{6-53}$$

$$\frac{\Delta\theta}{\Delta\delta} = \frac{A_\theta s^2 + B_\theta s + C_\theta}{\Delta_{\text{long}}}$$

$$\frac{\Delta u}{\Delta\delta} = \frac{A_u s^3 + B_u s^2 + C_u s + D_u}{\Delta_{\text{long}}}$$

$$\frac{\Delta w}{\Delta\delta} = \frac{A_w s^3 + B_w s^2 + C_w s + D_w}{\Delta_{\text{long}}} \tag{6-54}$$

$$\Delta_{\text{long}} = As^4 + Bs^3 + Cs^2 + Ds + E$$

本节例题中的传递函数为（扰动变量前省略 Δ 符号）

$$\frac{u}{\delta_T} = \frac{0.490\,5s(s^2 + 0.713\,1s + 0.927\,8)}{(s^2 + 0.006\,578s + 0.004\,527)(s^2 + 0.713\,4s + 0.924\,8)} \tag{6-55}$$

$$\frac{u}{\delta_e} = \frac{-9.994\,5e - 007(s + 1433)(s - 91.93)(s + 0.449\,6)}{(s^2 + 0.006\,578s + 0.004\,527)(s^2 + 0.713\,4s + 0.924\,8)} \tag{6-56}$$

$$\frac{\theta}{\delta_e} = \frac{-0.020\,192(s + 0.294\,4)(s + 0.011\,34)}{(s^2 + 0.006\,578s + 0.004\,527)(s^2 + 0.743\,4s + 0.924\,8)} \tag{6-57}$$

式(6-55)可以通过零极点近似对消得到简化传递函数为

$$\frac{u}{\delta_T} = \frac{0.490\,5s}{(s^2 + 0.006\,578s + 0.004\,527)} \tag{6-58}$$

根据传递函数可以画出各状态变量对纵向运动控制输入的操纵响应（见图6-8和图6-9）。

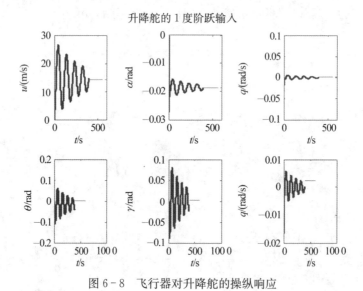

图6-8   飞行器对升降舵的操纵响应

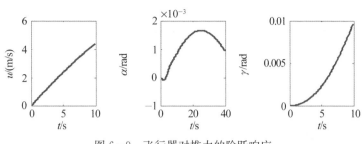

图 6 - 9　飞行器对推力的阶跃响应

升降舵的阶跃输入,前飞速度 u 和爬升角 γ 长周期运动模态响应明显,振荡衰减,短周期几乎没被激励。稳定前飞速度为 14.143 m/s,稳态迎角 α 为 $-0.018\,5$ rad,飞行器迎角减少,并稳定在新的平衡速度。

推力的阶跃输入主要激励长周期运动,飞行器速度初始改变很快,短周期很弱,稳定爬升角 0.05 rad。按照先前稳态速度,以 0.05 rad 爬升角爬升。

加大舵偏角,提高前飞稳态速度;加大推力功率,提高爬升速度。

6.6　飞机的横侧向动稳定性和操纵性

横侧向静稳定力矩:由侧滑角产生的恢复力矩。

惯性力矩:当飞行器绕立轴、纵轴加速转动时,由于飞行器的转动惯量而产生的使飞行器维持继续转动的力矩,其大小与飞行器结构尺寸、质量大小及分布等因素有关。

气动阻尼力矩:是指在扰动运动过程中出现滚转运动和偏航运动时,作用在飞行器上的气动力产生的阻尼力矩。

6.6.1　横向运动模态分析

飞行器横侧向运动方程(5 - 60)如下:

$$
\begin{bmatrix} \Delta\dot{v} \\ \Delta\dot{p} \\ \Delta\dot{r} \\ \Delta\dot{\phi} \\ \Delta\dot{\psi} \end{bmatrix} = \begin{bmatrix} Y'_v & Y'_p & Y'_r - u_0 & g\cos\theta_0 & 0 \\ L'_v & L'_p & L'_r & 0 & 0 \\ N'_v & N'_p & N'_r & 0 & 0 \\ 0 & 1 & 0 & 0 & 0 \\ 0 & 0 & 1 & 0 & 0 \end{bmatrix} \begin{bmatrix} \Delta v \\ \Delta p \\ \Delta r \\ \Delta\phi \\ \Delta\psi \end{bmatrix} + \begin{bmatrix} Y'_{\delta_r} & 0 \\ L'_{\delta_r} & L'_{\delta_a} \\ N'_{\delta_r} & N'_{\delta_a} \\ 0 & 0 \\ 0 & 0 \end{bmatrix} \begin{bmatrix} \Delta\delta_r \\ \Delta\delta_a \end{bmatrix}
$$

单位化特征矢量为

$$
\begin{bmatrix} \dfrac{\Delta v/u_0}{\Delta\psi} & \dfrac{\Delta pb/2u_0}{\Delta\psi} & \dfrac{\Delta rb/2u_0}{\Delta\psi} & \dfrac{\Delta\phi}{\Delta\psi} & 1 \end{bmatrix}
$$

B747 在马赫数为 $Ma=0.8$、高度为 40 000 ft 水平飞行时的横向运动状态方程:

$$\boldsymbol{A}_{\text{lat}} = \begin{bmatrix} -0.055\,8 & 0 & -235.900\,0 & 9.810\,0 & 0 \\ -0.012\,7 & -0.435\,1 & 0.414\,3 & 0 & 0 \\ 0.003\,6 & -0.006\,1 & -0.145\,8 & 0 & 0 \\ 0 & 1.000\,0 & 0 & 0 & 0 \\ 0 & 0 & 1.000\,0 & 0 & 0 \end{bmatrix} \text{和} \boldsymbol{B}_{\text{lat}} = \begin{bmatrix} 0 & 1.718\,8 \\ -0.143\,3 & 0.114\,6 \\ 0.003\,8 & -0.485\,9 \\ 0 & 0 \\ 0 & 0 \end{bmatrix}$$

计算特征向量和特征值分别为

$$\boldsymbol{V} = \begin{bmatrix} 0 & 0.004\,1 & -0.001\,1 & 0.004\,2 & 0.004\,2 \\ 0 & 0.014\,9 & 0.000\,2 & -0.000\,8+0.001\,3i & -0.000\,8-0.001\,3i \\ 0 & -0.000\,8 & -0.000\,9 & 0.000\,0-0.000\,5i & 0.000\,0+0.000\,5i \\ 0 & -0.208\,7 & -0.167\,1 & 0.011\,4+0.006\,1i & 0.011\,4-0.006\,1i \\ 1.000\,0 & 0.011\,7 & 0.949\,4 & -0.004\,0-0.000\,3i & -0.004\,0+0.000\,3i \end{bmatrix}$$

$$\boldsymbol{ev} = \begin{bmatrix} 0 \\ -0.563\,3 \\ -0.007\,3 \\ -0.033\,1+0.947\,0i \\ -0.033\,1-0.947\,0i \end{bmatrix}$$

计算系统的模态参数为

$$\lambda_1 = -5.63 \times 10^{-1}, \ \xi_1 = 1.00, \ \omega_{n1} = 5.63 \times 10^{-1}$$

$$\lambda_2 = -7.26 \times 10^{-3}, \ \xi_2 = 1.00, \ \omega_{n2} = 7.26 \times 10^{-3}$$

$$\lambda_{3,4} = -3.31 \times 10^{-2} + 9.47 \times 10^{-1}i, \ \xi_{3,4} = 3.49 \times 10^{-2}, \ \omega_{n3,4} = 9.48 \times 10^{-1}$$

设定三种运动模态的横侧向扰动运动初始状态分别为

$$\boldsymbol{x}_{01} = \begin{bmatrix} \beta \\ p \\ r \\ \phi \\ \psi \end{bmatrix} = \begin{bmatrix} 0.970\,8 \\ 0.117\,5 \\ -0.006\,6 \\ -0.208\,7 \\ 0.011\,7 \end{bmatrix}, \ \boldsymbol{x}_{02} = \begin{bmatrix} \beta \\ p \\ r \\ \phi \\ \psi \end{bmatrix} = \begin{bmatrix} -0.265\,7 \\ 0.001\,2 \\ -0.006\,9 \\ -0.167\,1 \\ 0.949\,4 \end{bmatrix} \text{和} \boldsymbol{x}_{03} = \begin{bmatrix} \beta \\ p \\ r \\ \phi \\ \psi \end{bmatrix} = \begin{bmatrix} 0.999\,8 \\ -0.006\,2 \\ 0.000\,4 \\ 0.011\,4 \\ -0.004\,0 \end{bmatrix}$$

则仿真得到系统的扰动响应曲线如图 6-10 所示。

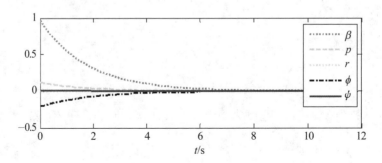

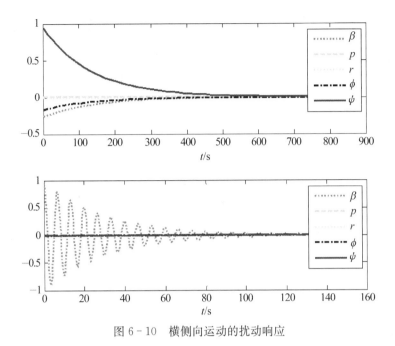

图 6-10 横侧向运动的扰动响应

表 6-5 和表 6-6 分别给出了横向运动模态性能与特征向量。

表 6-5 横向运动模态性能

模态	T/s	$T_{1/2}/s$	$N_{1/2}/s$
螺旋模态	—	95	—
滚转模态	—	1.23	—
荷兰滚模态	6.64	21	3.16

表 6-6 横向运动模态特征向量

	螺旋模态		滚转模态		荷兰滚模态	
	相对幅值	相位/(°)	相对幅值	相位/(°)	相对幅值	相位/(°)
$\beta = \hat{v}$	0.001 19	180	0.019 8	180	0.33	−28.1
$\hat{p}$	1.63×10^{-4}	0	0.071 2	180	0.12	92.0
$\hat{r}$	9.20×10^{-4}	180	0.004 0	0	0.037	−112.3
ϕ	0.177	180	1.0	0	1.0	0
ψ	1	0	0.056 2	180	0.31	155.7

(1) 对应特征根为 0 的模态为航向中立模态,是随遇而安的。

(2) 对于滚转收敛模态对应于大的负特征根,$\beta : \phi : \psi = -0.019\,8 : 1 : -0.056\,2$,几乎是纯的滚转运动,$\beta : \hat{p} : \hat{r} = 0.278 : 1 : -0.056\,1$,最大滚转力矩为 $C_{lp}\hat{p}$,$\hat{r}$ 的作用可以忽略。图

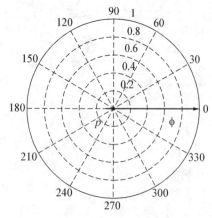

图 6-11　滚转收敛模态特征矢量图

6-11 为滚转收敛模态特征矢量。在滚转收敛模态中，上反角起主要作用。详细分析见图 4-26。

（3）对于螺旋模态是一个对应于离原点很近的特征根，由角度变量的比值 $\beta : \phi : \psi = -0.0012 : -0.1760 : 1$，可见这个运动主要包括偏航运动，带很小的滚转运动，侧滑角很小。这正是滚转偏航的条件，与气动力相关的变量比值为 $\beta : \dot{\beta} : \hat{r} = 1 : -0.137 : 0.773$。由于最大的变量 β 都已经很小，因此在此模态中气动力很小，是一个弱模态，这与其大的时间常数相对应。图 6-12 与图 6-13 所示分别为螺旋模态特征矢量与螺旋模态示意。

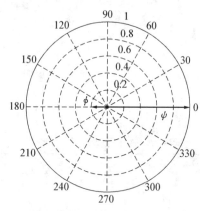

图 6-12　螺旋模态特征矢量

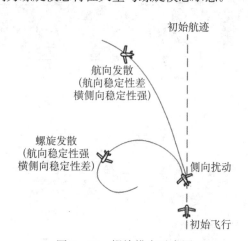

图 6-13　螺旋模态示意图

螺旋模态也可以解释如下：飞行器受扰左倾斜，则产生左侧滑，若横侧稳定性弱，飞行器改平坡度慢；方向稳定性强，飞行器左偏的速度快，飞行器难以改平左坡度。最终导致飞行器进入缓慢的盘旋下降过程，称为螺旋不稳定。螺旋不稳定的周期较大，对飞行安全不构成威胁，飞行器设计中允许出现轻度螺旋不稳定。图 6-14 给出螺旋模态的产生机理：当飞行器平飞

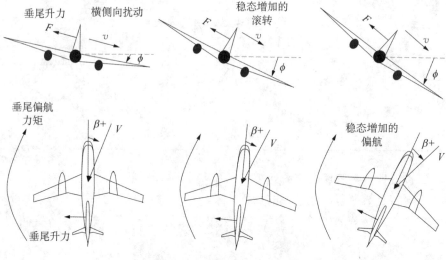

图 6-14　螺旋模态产生原理

时,受到侧向扰动 $\phi>0$,则产生侧向速度 $v>0$,则尾翼产生正的偏航力矩(此处为 $\beta>0$ 产生的力矩),偏航角速度 $r>0$,导致正的滚转力矩 $L_r>0$(此处为 $r>0$ 产生的力矩),进而增加 $\beta>0$。

（4）对应一对共轭复根,为荷兰滚模态。对应衰减较快周期振荡,侧滑,偏航和滚转表现同等量级。$\hat{r}$ 很小,β 和 ϕ 几乎相反,滚转运动滞后于偏航 $160°$。$\beta:\phi:\psi=0.33:1:0.31$,$\beta:\hat{p}:\hat{r}=1:0.3664:0.1127$。图 6-15 所示为荷兰滚运动特征矢量。

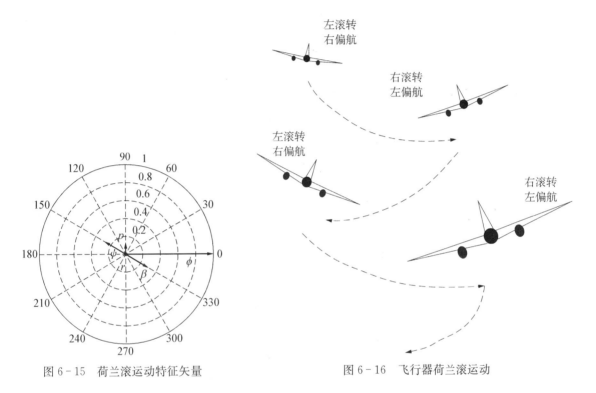

图 6-15 荷兰滚运动特征矢量　　　　　图 6-16 飞行器荷兰滚运动

飞行器的横侧稳定性过强而方向稳定性过弱,易产生荷兰滚。它产生的原因解释如下:如果飞行器受扰左倾斜,则产生左侧滑,由于飞行器的横侧稳定性强,飞行器迅速改平坡度;又由于飞行器的方向稳定性弱,飞行器左偏的速度慢,未等左侧滑消除,飞行器又产生右坡度,进而右侧滑。如此反复形成荷兰滚运动(见图 6-16)。

飞行器的侧向和方向稳定紧密联系并互相影响。因此常常合称为"横侧稳定"。两者如果配合得不好,方向稳定远远超过侧向稳定时,飞行器会自发地循螺旋状轨迹下降,产生螺旋模态。相反的情况下,飞行器会周期地反复作侧滑、滚转和偏航动作,产生荷兰滚模态。

荷兰滚飘摆的危害性在于:飘摆震荡周期只有几秒,修正飘摆超出了人的反应能力,修正过程中极易造成推波助澜,加大飘摆。正常情况下,飘摆半衰期很短,但当方向稳定性和横侧稳定性不协调时,易使飘摆半衰期延长甚至不稳定,严重危及安全。大型运输机在高空和低速飞行时由于稳定性发生变化易发生飘摆,因此广泛使用偏航阻尼器。

6.6.2　横向运动模态近似

6.6.2.1　滚转模态近似

飞行器的滚转运动近似为单自由度的运动,可表达为

$$\frac{\partial L}{\partial \delta_a}\Delta\delta_a + \frac{\partial L}{\partial p}\Delta p = I_x \Delta\ddot{\phi}$$

$$\tau\Delta\frac{\mathrm{d}p}{\mathrm{d}t} + \Delta p = -\frac{L_{\delta_a}\Delta\delta_a}{L_p} \qquad (6-59)$$

$$\tau = -\frac{I_x}{L_p}$$

式中 τ 为时间常数,代表系统受扰动后达到新的稳定状态的时间,如果时间常数小,代表系统快速响应的特性。系统对副翼的阶跃输入响应为(见图6-17)

$$\Delta p = -\frac{L_{\delta_a}}{L_p}(1 - \mathrm{e}^{-t/\tau})\Delta\delta_a$$

$$p_{ss} = -\frac{L_{\delta_a}}{L_p}\Delta\delta_a$$

$$\qquad (6-60)$$

$$p_{ss} = -\frac{C_{L_{\delta_a}}QSb}{C_{L_p}(b/2u_0)QSb}\Delta\delta_a$$

$$\frac{p_{ss}b}{2u_0} = -\frac{C_{L_{\delta_a}}}{C_{L_p}}\Delta\delta_a$$

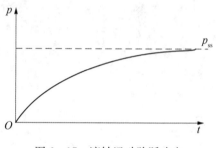

图 6-17　滚转运动阶跃响应

因为 $C_{L_p} < 0$,所以 $\tau > 0$,$\dfrac{p_{ss}b}{2u_0}$ 可以用来确定副翼的尺寸,与飞行器的类型有关,对于运输机比值最小值 $\dfrac{p_{ss}b}{2u_0} = 0.07$,对于战斗机比值的最小值 $\dfrac{p_{ss}b}{2u_0} = 0.09$。

由 $\lambda_{\mathrm{roll}} = \dfrac{L_p}{I_x}$ 可见,增加机翼尺寸和尾翼面积可以增加滚转稳定性。

6.6.2.2　螺旋模态近似

螺旋模态的侧滑角很小但不可忽略,侧滑角对气动力矩的影响和偏航角速度影响在一个量级上,因此螺旋模态忽略侧向力方程和滚转角的扰动 $\Delta\phi$。

$$L'_\beta\Delta\beta + L'_r\Delta r = 0$$

$$\Delta\dot{r} = N'_\beta\Delta\beta + N'_r\Delta r \qquad (6-61)$$

$$\Delta\dot{r} + \frac{N'_\beta L'_r - L'_\beta N'_r}{L'_\beta}\Delta r = 0$$

$$\lambda_{\mathrm{spiral}} = \frac{L'_\beta N'_r - N_\beta L'_r}{L'_\beta} \qquad (6-62)$$

通常由于上反角作用 $L'_\beta < 0$,偏航阻尼比 $N'_r < 0$,由于方向的稳定性 $N'_\beta > 0$,以及偏航引

起的滚转力矩 $L'_r > 0$，所以螺旋稳定条件为

$$L'_\beta N'_r > N'_\beta L'_r \tag{6-63}$$

增加上反角作用 L'_β、偏航阻尼比，增加偏航稳定性。小的尾翼减少 N'_β，减小螺旋模态影响。

6.6.2.3 荷兰滚模态近似

如果只考虑侧滑角和偏航角运动，忽略滚转的运动方程为

$$\begin{bmatrix} \Delta\dot{\beta} \\ \Delta\dot{r} \end{bmatrix} = \begin{bmatrix} \dfrac{Y'_\beta}{u_0} & \dfrac{Y'_r - u_0}{u_0} \\ N'_\beta & N'_r \end{bmatrix} \begin{bmatrix} \Delta\beta \\ \Delta r \end{bmatrix} \tag{6-64}$$

$$\omega_{DR} = \sqrt{\dfrac{Y'_\beta N'_r - N'_\beta Y'_r + N'_\beta u_0}{u_0}}$$

$$\zeta_{DR} = -\dfrac{1}{2\omega_{DR}}\left(\dfrac{Y'_\beta + u_0 N'_r}{u_0}\right) \tag{6-65}$$

表 6-7 给出了横侧向运动精确解和近似解的比较。

表 6-7 横侧向运动精确解和近似解比较

模态	精确模态		近似模态	
	T/s	$T_{1/2}/s$	T/s	$T_{1/2}/s$
螺旋模态	—	95	—	22.95
滚转模态	—	1.23	—	1.59
荷兰滚模态	6.64	21	6.85	1.35

6.6.3 横向运动传递函数

横侧向运动状态方程可以根据格雷姆法则，计算其传递函数矩阵：

$$\begin{cases} \left(\dfrac{d}{dt} - \dfrac{Y_v}{m}\right)\Delta v - \dfrac{Y_p}{m}\Delta p + \left(u_0 - \dfrac{Y_r}{m}\right)\Delta r - g\cos\theta_0\Delta\phi = \dfrac{Y_{\delta_r}}{m}\Delta\delta_r \\ -\dfrac{L_v}{I_x}\Delta v + \left(\dfrac{d}{dt} - \dfrac{L_p}{I_x}\right)\Delta p - \left(\dfrac{I_{xz}}{I_x}\dfrac{d}{dt} + \dfrac{L_r}{I_x}\right)\Delta r = \dfrac{L_{\delta_a}}{I_x}\Delta\delta_a + \dfrac{L_{\delta_r}}{I_x}\Delta\delta_r \\ -\dfrac{N_v}{I_z}\Delta v - \left(\dfrac{I_{xz}}{I_z}\dfrac{d}{dt} + \dfrac{N_p}{I_z}\right)\Delta p + \left(\dfrac{d}{dt} - \dfrac{N_r}{I_z}\right)\Delta r = \dfrac{N_{\delta_a}}{I_z}\Delta\delta_a + \dfrac{N_{\delta_r}}{I_z}\Delta\delta_r \end{cases} \tag{6-66}$$

$$\begin{cases} (s - Y'_v)\dfrac{\Delta v}{\Delta\delta} - (Y'_p s + g\cos\theta_0)\dfrac{\Delta\phi}{\Delta\delta} + (u_0 - Y'_r)s\dfrac{\Delta\psi}{\Delta\delta} = Y'_\delta \\ -L'_v\dfrac{\Delta v}{\Delta\delta} + (s^2 - L'_p s)\dfrac{\Delta\phi}{\Delta\delta} - \left(\dfrac{I_{xz}}{I_x}s^2 + L'_r s\right)\dfrac{\Delta\psi}{\Delta\delta} = L'_\delta \\ -N'_v\dfrac{\Delta v}{\Delta\delta} - \left(\dfrac{I_{xz}}{I_z}s^2 + N'_p s\right)\dfrac{\Delta\phi}{\Delta\delta} + (s^2 - N'_r s)\dfrac{\Delta\psi}{\Delta\delta} = N'_\delta \end{cases} \tag{6-67}$$

$$\frac{\Delta\psi}{\Delta\delta} = \frac{A_\psi s^3 + B_\psi s^2 + C_\psi s + D_\psi}{\Delta_{\text{lat}}}$$

$$\frac{\Delta v}{\Delta\delta} = \frac{A_v s^3 + B_v s^2 + C_v s + D_v}{\Delta_{\text{lat}}}$$

(6-68)

$$\frac{\Delta\phi}{\Delta\delta} = \frac{A_\phi s^3 + B_\phi s^2 + C_\phi s + D_\phi}{\Delta_{\text{lat}}}$$

$$\Delta_{\text{lat}} = As^4 + Bs^3 + Cs^2 + Ds + E$$

图 6-18 和图 6-19 分别给出了副翼的脉冲响应和方向舵的阶跃响应。

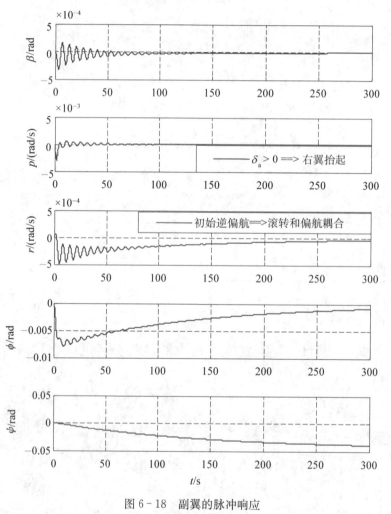

图 6-18　副翼的脉冲响应

副翼的 2 s 脉冲输入,右副翼下降,右翼上转,左副翼升起,产生滚转模态响应。由于阻力不同,在偏航角度上可见初始的逆偏航操纵,螺旋模态不明显,荷兰滚模态明显。

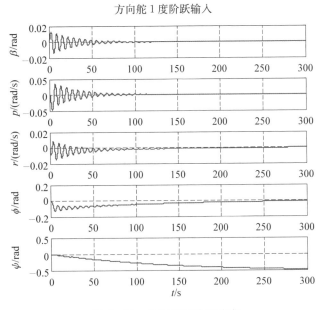

图 6-19　方向舵的阶跃响应

　　方向舵的阶跃输入,荷兰滚响应明显,其余两模态未激励,侧滑角轻阻尼衰减,初始滚转逆操纵(初始的符号和稳态值符号相反),因为力作用点在重心之上,初始滚转响应快。

6.7　飞艇的动稳定性和操纵性

6.7.1　飞艇纵向模态分析

　　由于浮空器可以实现低速飞行,本节给出某浮空器在 6 m/s 前飞速度下进行小扰动线性化,得到线性化后纵向模型系数矩阵如下:

$$
\boldsymbol{A}_{\mathrm{lon}}=\begin{bmatrix} -0.012\,5 & -0.010\,4 & 0.115\,6 & 0.014\,1 \\ 0 & -0.123\,5 & 1.743\,2 & 0.001\,3 \\ 0.000\,1 & 0.041\,0 & -0.457\,8 & -0.055\,9 \\ 0 & 0 & 1 & 0 \end{bmatrix} \text{和} \ \boldsymbol{B}_{\mathrm{lon}}=\begin{bmatrix} 0.000\,5 & 0.001 \\ -0.009\,4 & 0 \\ -0.001\,9 & 0 \\ 0 & 0 \end{bmatrix}
$$

　　在 6 m/s 稳态直线前飞运动条件下,通过模型特性分析得到的纵向模态特征频率及阻尼如表 6-8 所示。

表 6-8　纵向模态特性指标

特性指标	振荡衰减模态	浪涌模态	升沉模态
特征根	$-2.64\times10^{-2}\pm1.11\times10^{-1}\mathrm{i}$	-1.25×10^{-2}	-5.28×10^{-1}
特征角频率/(rad/s)	0.114	0.012 5	0.528
阻尼比	2.32×10^{-1}	1	1

（续表）

特性指标	振荡衰减模态	浪涌模态	升沉模态
时间常数	37	80	1.9
调节时间	129	280	6.65

　　飞艇的纵向运动由两个非周期运动模态和一个周期振荡衰减模态组成。其中绝对值较大的负实根对应于升沉模态，时间常数较小，衰减很快；绝对值较小的实根对应于浪涌模态，时间常数较大，变化缓慢；共轭复根所对应的是振荡衰减模态。计算各个模态的归一化特征向量，可以反映出各个模态主要影响的状态量。

　　（1）升沉模态是一种衰减较快的非周期稳定模态，该运动模态主要影响垂直速度和俯仰角速度 q，而对前飞速度 u 的影响很小。时间常数随着飞行速度的变大不断减小，随前飞速度增加，尾翼作用明显，阻尼增加，飞艇的俯仰运动稳定。其特征向量如图 6-20 所示。

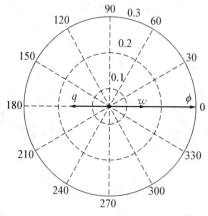

图 6-20　升沉模态特征向量

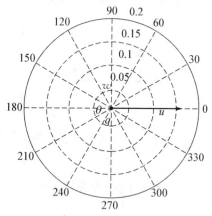

图 6-21　浪涌模态特征向量

　　（2）浪涌模态是一种变化缓慢的长周期模态，主要表现为飞艇前向速度 u 的缓慢变化直至趋于稳定。该模态主要影响前飞速度 u，而对垂直速度 w 和俯仰角速度 q 影响较小，这主要由于稳定微分系数 X_w、X_q 很小。通常在计算俯仰角对升降舵的传递函数中该模态的极点和某一零点互消，这意味着升降舵激励引起的俯仰角运动不会产生浪涌模态。升降舵的输入通过俯仰运动改变飞行器的阻力并不明显，因此该运动模态主要不是升降舵激励，而是由尾推激励引起的。其特征向量如图 6-21 所示。

　　（3）振荡衰减模态是一种振荡衰减的周期性模态，主要表现为俯仰角短周期、衰减快的振荡。速度较低时，飞行器的气动力可以忽略，由于重心下置，飞行器表现为轻阻尼低频振荡，随着飞行速度增加该模态与升沉模态交互作用。该运动模态主要影响垂直速度 w 和俯仰角速度 q，而对前飞速度 u 的影响很小。其特征向量如图 6-22 所示。

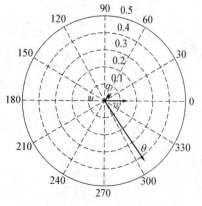

图 6-22　振荡衰减模态特征向量

6.7.2 飞艇横侧向模态分析

横侧向模型系数矩阵如下：

$$\boldsymbol{A}_{\text{lat}} = \begin{bmatrix} -0.126\,2 & 0.000\,9 & -1.750\,5 & -0.040\,0 & 0 \\ -0.015\,9 & 0.005\,6 & -0.030\,1 & -0.252\,3 & 0 \\ -0.051\,4 & 0.000\,4 & -0.562\,8 & -0.017\,3 & 0 \\ 0 & 1.000\,0 & 0 & 0 & 0 \\ 0 & 0 & 1 & 0 & 0 \end{bmatrix} \text{和} \boldsymbol{B}_{\text{lat}} = \begin{bmatrix} 0.009\,3 \\ -0.000\,3 \\ -0.002\,3 \\ 0 \\ 0 \end{bmatrix}$$

在 6 m/s 稳态直线前飞运动条件下，通过模型特性分析得到侧向模态特征频率及阻尼(见表 6 - 9)。

表 6 - 9　横侧向模态特性指标

特性指标	偏航衰减模态	侧滑模态	滚转振荡模态	航向中立模态
特征根	-7.14×10^{-1}	2.59×10^{-2}	$2.18\times10^{-3}\pm5.01\times10^{-1}\text{i}$	0
特征角频率/rad/s	0.714	0.025 9	0.501	0
阻尼比	1	1	4.35×10^{-3}	—
时间常数/s	1.4	—	455	—
调节时间/s	5	—	159 2	—

飞艇的横侧向运动由三个非周期运动模态、一个周期振荡模态组成。其中绝对值较大的负实根对应于偏航衰减模态，时间常数较小，衰减很快；绝对值较小的实根对应于侧滑模态，时间常数较大，变化缓慢；共轭复根所对应的是滚转振荡模态；特征根为零的模态为航向中立模态，它是一种随遇平衡的非周期模态。

(1) 偏航衰减模态是一种衰减很快的非周期稳定模态，时间常数随着飞行速度的变大不断减小。偏航衰减模态在偏航角速度 r 和侧滑速度 v 上的分量较大，而在滚转角速度 p 及滚转角 ϕ 上的分量很小，说明该运动模态与侧滑衰减模态有很强的耦合。其特征向量如图 6 - 23 所示。

(2) 侧滑模态是一种缓慢发散的非周期运动稳定模态。侧滑模态主要影响侧滑速度 v 和偏航角速度 r，而对滚转运动影响很小，这是因为 Y_p、Y_ϕ 很小，可以忽略。其特征向量如图 6 - 24 所示。

(3) 滚转振荡模态，主要表现为滚转角和滚转角速度的轻微的发散振荡运动。该模态是由气动力和重力共同引起。其特征向量如图 6 - 25 所示。

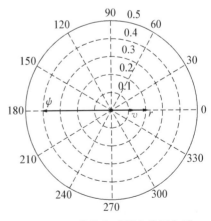

图 6 - 23　偏航衰减模态特征向量

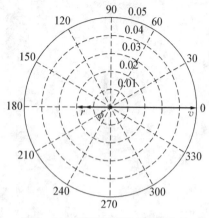
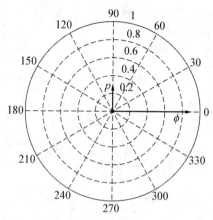

图 6-24 侧滑衰减模态特征向量   图 6-25 滚转振荡模态特征向量

6.7.3 飞艇纵向操纵响应

纵向运动对应 1° 的升降舵操纵响应幅值很小，相应过渡时间较长，表现出纵向运动的操纵效能较低，并且有较大的响应迟钝，然而浮空器运动相对稳定。这正与巨型浮空器的大尺寸、大惯量相符合。图 6-26 和图 6-27 为飞艇纵向操纵响应曲线。

纵向运动传递函数为

$$\frac{\theta}{\delta_e} = \frac{-0.001\,878\,5(s+0.328\,8)(s+0.012\,46)}{(s+0.528\,4)(s+0.012\,46)(s^2+0.052\,88s+0.012\,96)} \tag{6-69}$$

$$\frac{u}{\delta_e} = \frac{0.000\,474\,41s^2(s+0.328\,8)}{(s+0.528\,4)(s+0.012\,46)(s^2+0.052\,88s+0.012\,96)} \tag{6-70}$$

$$\frac{w}{\delta_e} = \frac{-0.009\,402\,6(s+0.729)(s+0.077\,03)(s+0.012\,46)}{(s+0.528\,4)(s+0.012\,46)(s^2+0.052\,88s+0.012\,96)} \tag{6-71}$$

升降舵 1 度阶跃输入

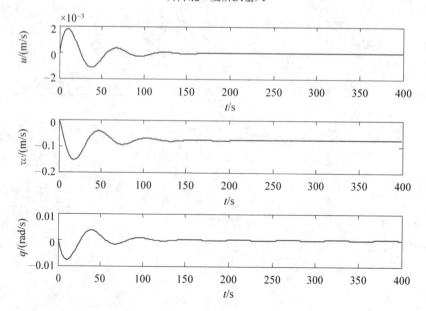

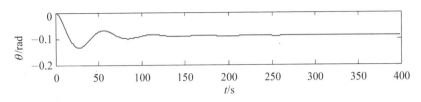

图 6-26 飞艇纵向通道对升降舵的操纵响应

升降舵 1 度阶跃输入

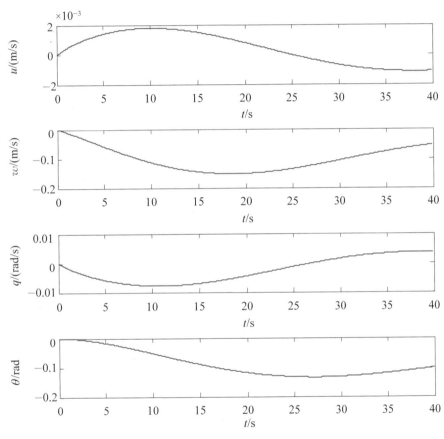

图 6-27 飞艇纵向通道对升降舵的操纵响应(短时间轴)

6.7.4 飞艇横侧向操纵响应

与纵向运动类似,横侧向运动对应 1°的方向舵操纵响应幅值小,过渡时间长,操纵效能低,响应迟钝,运动稳定模态明显。图 6-28 和图 6-29 为飞艇横向操纵响应曲线。

$$\frac{r}{\delta_{\mathrm{r}}} = \frac{-0.002\,324\,6(s+0.33)(s^2-0.002\,947s+0.248\,9)}{(s+0.713\,7)(s-0.025\,85)(s^2-0.004\,355s+0.251\,1)} \tag{6-72}$$

$$\frac{v}{\delta_{\mathrm{r}}} = \frac{0.009\,338\,6(s+0.996\,5)(s^2-0.003\,516s+0.251\,7)}{(s+0.713\,7)(s-0.025\,85)(s^2-0.004\,355s+0.251\,1)} \tag{6-73}$$

$$\frac{p}{\delta_r} = \frac{-0.000\,339\,14s(s^2 + 0.919\,8s + 0.349)}{(s + 0.713\,7)(s - 0.025\,85)(s^2 - 0.004\,355s + 0.251\,1)} \qquad (6-74)$$

方向舵 1 度的阶跃输入

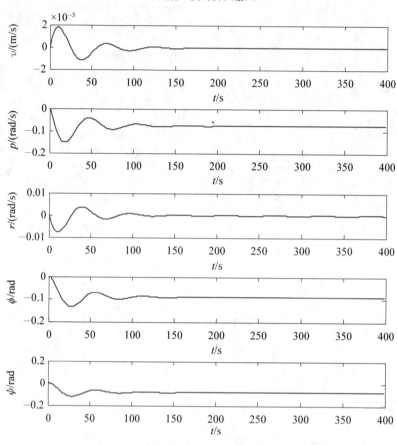

图 6-28　飞艇横侧向通道对方向舵的操纵响应

方向舵 1 度的阶跃输入

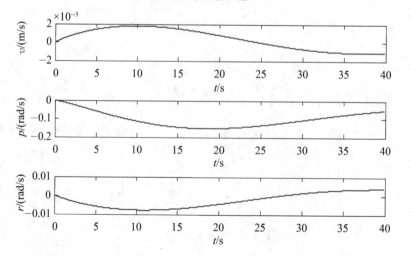

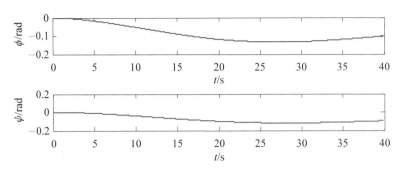

图 6-29 飞艇横侧向通道对方向舵的操纵响应(短时间轴)

与稳定巡航不同,浮空器通常工作在定点驻空状态下,在定点驻空时,如果风场很小,飞行器的气动舵面操纵能力很低,通常需要矢量推力实现姿态控制,因此研究定点驻空需要重新计算线性化模型,并对推力模型线性化。

7 飞行控制系统设计

控制系统的设计分为分析和综合两部分，控制系统分析是给定控制器，研究控制系统性能和控制器参数的关系；控制系统综合是设计控制器参数，达到期望闭环系统性能。

7.1 飞行控制系统组成

典型飞行控制系统由舵回路、稳定回路和控制回路构成（见图 7-1）。舵回路是采用测量部件测量舵机的输出信号，将其反馈到输入端形成负反馈回路的随动系统，其目的是改善舵机的性能以满足飞行控制系统的要求；稳定回路包括飞行器的动力学环节，其测量部件测量的是飞行器的飞行姿态信息，用于稳定和控制飞行器姿态；控制（制导）回路包括飞行器的运动学环节，其测量部件测量飞行器的重心位置，用于稳定和控制飞行器的运动轨迹。

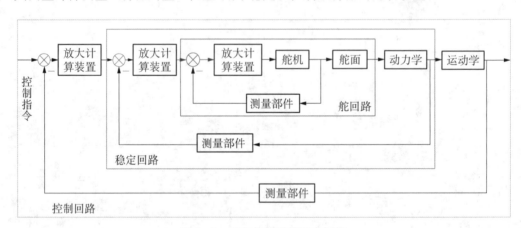

图 7-1　飞行控制系统基本框架

典型的飞行控制系统回路中包括以下几个基本部分：

测量部件：是信息源，用来测量飞行控制所需要的各类运动参数，如执行机构状态参数、飞行器姿态和位置参数。

放大计算部件：将测量部件的模拟或数字信号加以处理，形成符合控制要求的模拟或数字信号，并进行自动控制律计算，将输出信号再进行必要的放大处理，以驱动执行机构（如舵机）。

执行部件：根据放大部件的输出信号驱动执行部件运转（如舵面），控制飞行器的位置和姿态运动。

7.2　基于根轨迹的控制器设计

为了使控制系统满足一定的性能指标,在控制系统中引入的附加模块称作控制器或者校正装置。根据控制器与对象的不同连接位置有串联校正和并联(反馈)校正两种形式(见图7-2),并联校正和串接校正的区别是闭环系统的零点位置不同,稳态偏差不同。

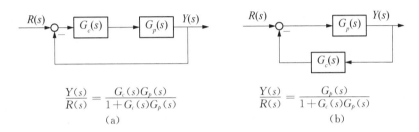

$$\frac{Y(s)}{R(s)} = \frac{G_c(s)G_p(s)}{1+G_c(s)G_p(s)} \qquad \frac{Y(s)}{R(s)} = \frac{G_p(s)}{1+G_c(s)G_p(s)}$$

(a) 　　　　　　　　　　　(b)

图7-2　控制器的基本连接形式

(a) 串接校正框图　(b) 并联校正框图

对于一个典型闭环系统如图7-3所示,闭环控制系统中开环传递函数指在反馈输出端断开以后的传递函数

$$G(s) = G_1(s)H(s)$$

其频率特性为

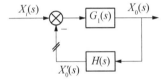

图7-3　闭环控制系统的基本形式

$$G(j\omega) = G(s) \mid_{s=j\omega} = G_1(j\omega)H(j\omega)$$

系统闭环传递函数为

$$\Phi(s) = \frac{G_1(s)}{1+G_1(s)H(s)}$$

其特征方程为

$$A(s) = 1 + G_1(s)H(s) = 0 \qquad (7-1)$$

对于一个典型的二阶系统,通过求解系统特征方程的特征根,可以获得系统的特征参数:阻尼比和无阻尼自激振荡角频率,它决定了系统的响应性能。因此可以根据根轨迹配置系统的闭环极点,设计控制参数使闭环系统达到期望的响应特性。

如图7-4所示,如果系统特征方程根为 $\lambda_{1,2} = -\sigma \pm j\omega_d = -\zeta\omega_n \pm j\omega_n \sqrt{1-\zeta^2}$,则系统的阻尼比为

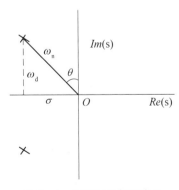

图7-4　特征向量物理意义

$$\zeta = \frac{\sigma}{\omega_n} = \sin\theta$$

无阻尼自激振荡角频率为

$$\omega_n = \sqrt{\sigma^2 + \omega_d^2}$$

当给定闭环系统的性能要求阻尼比和无阻尼自激振荡角频率后,可以通过上式反求系统的闭环极点位置,作为控制器设计的目标。

7.3　PID 控制器

根据控制器的特性可以分为超前校正和滞后校正。超前校正环节的传递函数具有零点和极点,且极点位于零点的左面,使系统的相位超前;滞后校正环节的传递函数极点小于零点,极点位于零点的右面。超前校正用于改善闭环系统的动态响应,但对提高系统的稳态精度影响较小,滞后校正可明显改善系统的稳态精度,但动态响应时间增加。超前滞后校正将两者特性结合起来,但使系统的阶次增高。工业上常用的 PID 控制器是串接校正装置,可认为是二阶的超前滞后校正环节,其控制系统框图如图 7-5 所示,其传递函数为

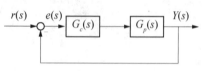

图 7-5　串接 PID 控制系统框图

$$G_c(s) = K_c\left(1 + \frac{1}{T_i s} + T_d s\right) = K_p + \frac{K_I}{s} + K_d s \qquad (7-2)$$

PID 控制器增加具有负实部的开环系统的零点,使根轨迹向 s 左半平面移动,从而提高系统的稳定性。增加具有负实部的开环系统的极点,使根轨迹向 s 右半平面移动,从而降低系统的稳定性。比例控制增加系统的开环零点 $z = 0$,积分控制器就是增加开环极点 $p = 0$,增加时滞环节,微分控制使系统响应超前,改善系统跟踪调节过程的动态性能。

7.3.1　PD 控制器对响应性能的影响

对于标准的二阶系统,有

$$\ddot{x} + 2\xi\omega\dot{x} + \omega^2 x = Ku \qquad (7-3)$$

系统开环传递函数为

$$G_P = \frac{K}{s^2 + 2\xi\omega s + \omega^2} \qquad (7-4)$$

对于 P 控制

$$u = K_p(x_c - x)$$

闭环系统传递函数为

$$G_{\text{close}} = \frac{KK_p}{s^2 + 2\xi\omega s + \omega^2 + KK_p} \qquad (7-5)$$

对于 PD 控制

$$u = K_p(x_c - x) - K_d \dot{x}$$

闭环系统传递函数为

$$G_{\text{close}} = \frac{KK_p}{s^2 + (2\xi\omega + KK_d)s + \omega^2 + KK_p} \tag{7-6}$$

通过控制器系数在闭环传递函数中的位置，可见 K_p 增加系统的放大系数，并影响系统的无阻尼自激振荡角频率项，K_d 可以改善系统的阻尼项。

7.3.2　PI控制器对稳态误差的影响

如图 7-5 所示，系统输出误差和输入的传递函数为

$$\frac{e(s)}{r(s)} = \frac{1}{1 + G_c(s)G_p(s)} \tag{7-7}$$

则当系统输入为阶跃函数时，有

$$e(s) = \frac{1}{1 + G_c(s)G_p(s)} \frac{1}{s} \tag{7-8}$$

根据拉氏变换终值定理：

$$\lim_{t \to \infty} e(t) = \lim_{s \to 0} se(s) \tag{7-9}$$

假设控制对象为典型二阶系统：

$$G_p(s) = \frac{1}{(s+a)(s+b)} \tag{7-10}$$

单独 P 控制时，有

$$\lim_{t \to \infty} e_{ss} = \lim_{s \to 0} se(s) = \frac{1}{1 + \dfrac{K_p}{ab}} \tag{7-11}$$

可以看到增加 K_p，可以使 e_{ss} 变小，但不能消除 e_{ss}。

PI 控制时，有

$$\lim_{t \to \infty} e_{ss} = \lim_{s \to 0} se(s) = \frac{1}{1 + \dfrac{K_p + \dfrac{K_I}{s}}{ab}} = 0 \tag{7-12}$$

对于单位阶跃输入，积分控制器可使稳定误差 e_{ss} 为零，但会使系统稳定性能变坏，增加了系统的响应过程。

7.4　俯仰控制器设计

飞行器的短周期运动方程为

$$\begin{bmatrix} \Delta \dot{w} \\ \Delta \dot{q} \end{bmatrix} = \begin{bmatrix} Z'_w & u_0 \\ M'_w + M'_{\dot{w}} Z'_w & M_q + M'_{\dot{w}} u_0 \end{bmatrix} \begin{bmatrix} \Delta w \\ \Delta q \end{bmatrix} + \begin{bmatrix} Z'_{\delta_e} \\ M'_{\delta_e} + M'_{\dot{w}} Z'_{\delta_e} \end{bmatrix} \Delta \delta_e$$

对于某型飞行器得到具体矩阵形式为

$$\boldsymbol{A}_{sp} = \begin{bmatrix} -0.312\,8 & 235.900\,0 \\ -0.003\,4 & -0.428\,2 \end{bmatrix}, \boldsymbol{B}_{sp} = \begin{bmatrix} -5.471\,4 \\ -1.156\,9 \end{bmatrix}$$

俯仰通道系统传递函数为

$$\frac{\theta(s)}{\delta_e(s)} = \frac{1}{s} \frac{q(s)}{\delta_e(s)} = \frac{1}{s} \begin{bmatrix} 0 & 1 \end{bmatrix} (s\boldsymbol{I} - \boldsymbol{A}_{sp})^{-1} \boldsymbol{B}_{sp} \qquad (7-13)$$

$$G_{\theta\delta_e}(s) = \frac{-1.157s - 0.343\,5}{s(s^2 + 0.741s + 0.927\,2)} \qquad (7-14)$$

升降舵的执行机构模型近似为一阶系统:

$$\frac{\delta_e^a}{\delta_e^c} = H(s) = \frac{1}{0.25s + 1} \qquad (7-15)$$

表 7-1 给出了飞行器纵向短周期开环特征参数。

表 7-1 飞行器纵向短周期开环特征参数

特征值	阻尼比	频率
0.00e+000	−1.00	0.00
−4.00e+000	1.00	4.00
−3.70e−001+8.89e−001i	3.85×10^{-1}	9.63×10^{-1}
−3.70e−001−8.89e−001i	3.85×10^{-1}	9.63×10^{-1}

计算开环系统俯仰通道特性为 $\omega_n = 0.962\,9$ 和 $\zeta = 0.384\,8$。根据经验,选取闭环系统设计目标选取为 $\omega_{n_{goal}} = 3 \text{ rad/s}$ 和 $\zeta_{goal} = 0.6$。

7.4.1 比例控制

设计比例控制器如下:

$$\delta_e^c = k_\theta (\theta_c - \theta) \qquad (7-16)$$

闭环系统传递函数为

$$\frac{\theta}{\theta_c} = \frac{G_{\theta\delta_e} H k_\theta}{1 + G_{\theta\delta_e} H k_\theta} \qquad (7-17)$$

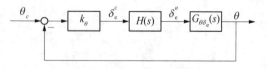

图 7-6 为飞行器俯仰比例控制系统框图。系统开环传递函数的符号为负,取控制器参数 $k_\theta < 0$,保证正的 θ_c 引起正的 θ 改变。闭环

图 7-6 飞行器俯仰比例控制系统框图

系统根轨迹和阶跃响应如图 7-7 所示，图中 ▽ 为 $k_\theta = -1$ 时的闭环系统极点位置。

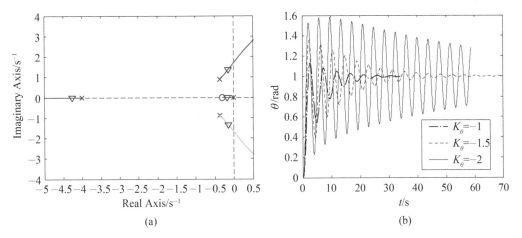

图 7-7　飞行器俯仰角的比例控制仿真结果
(a) 根轨迹图　(b) 响应曲线

7.4.2　微分控制

对于任何 k_θ 选值都不会改善闭环系统的阻尼特性，系统的根轨迹发散，因此需要选择微分控制项，取 $k_q = -1.08$，获得阻尼比为 0.824，设计内环阻尼高些，因为外环会使品质变差。图 7-8 为俯仰角速度反馈系统的根轨迹图。

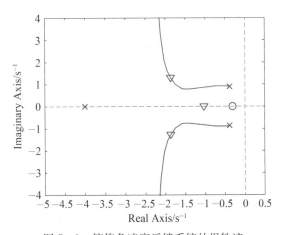

图 7-8　俯仰角速度反馈系统的根轨迹

7.4.3　比例/微分控制

设计比例跟踪控制器为

$$\delta_e = k_\theta(\theta_c - \theta) - k_q q \tag{7-18}$$

闭环系统传递函数为

$$\frac{\theta}{\theta_c} = \frac{G_{\theta\delta_e} H k_\theta}{1 + G_{\theta\delta_e} H (k_\theta + k_q s)} \tag{7-19}$$

图 7-9 为飞行器俯仰角的比例微分控制系统框图。

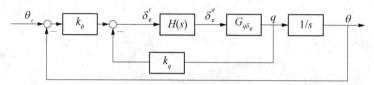

图 7-9　飞行器俯仰角的比例微分控制系统框图

固定 $k_\theta = -1$，$k_q = -1$ 时，PD 控制闭环系统极点分布如图 7-10(a) 中菱形标注所示，而理想的闭环极点为方形标注点，此时闭环响应曲线如图 7-10(b) 所示。

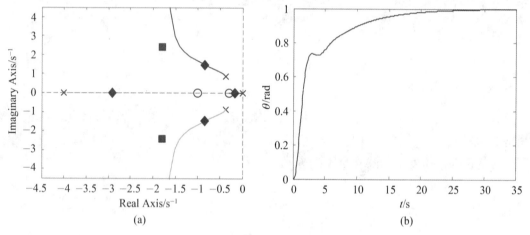

图 7-10　飞行器俯仰角比例微分仿真结果

（a）根轨迹图　（b）闭环响应曲线

表 7-2 给出了飞行器纵向短周期闭环特性参数。

表 7-2　飞行器纵向短周期闭环特性参数

特征值	阻尼比	频率
-2.74	1.00	2.74
$-9.21 \times 10^{-1} + 1.50\mathrm{i}$	5.23×10^{-1}	1.76
$-9.21 \times 10^{-1} - 1.50\mathrm{i}$	5.23×10^{-1}	1.76
-1.62×10^{-1}	1.00	1.62×10^{-1}

达到的闭环系统性能为

$$\omega_{n_{goal}} = 1.76 \ \mathrm{rad/s}, \ \zeta_{goal} = 0.523$$

7.4.4 闭环性能设计

假定如下关系式成立:

$$k_q = \varepsilon k_\theta \tag{7-20}$$

则闭环系统传递函数为

$$\phi_c(s) = 1 + G_{\theta\delta_e} H(1 + \varepsilon s)k_\theta \tag{7-21}$$

固定 $k_\theta = -1$,作其关于 ε 的根轨迹图[见图 7-11(a)],当 $\varepsilon = 1.95$ 时,基本达到性能指标,理想的闭环极点 $\omega_{n_{goal}} = 3$ rad/s, $\zeta_{goal} = 0.6$。闭环系统阶跃响应曲线如图 7-11(b)所示。

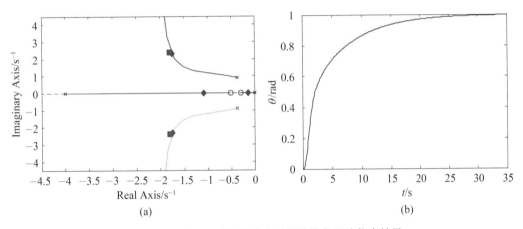

图 7-11　满足设计性能的飞行器俯仰角跟踪仿真结果

(a) 根轨迹图　(b) 闭环响应曲线

7.5　偏航控制器设计

由横侧向状态方程得到系统偏航通道传递函数为

$$\frac{r}{\delta_r} = \frac{-1.618s^3 - 0.776\,1s^2 - 0.030\,07s - 0.188\,3}{s^5 + 3.967s^4 + 3.06s^3 + 3.642s^2 + 1.71s + 0.012\,23} \tag{7-22}$$

方向舵的执行机构模型近似为

$$H_r = \frac{3.33}{s + 3.33} \tag{7-23}$$

首先进行偏航角速率反馈控制:

$$\delta_r^c = k_r(r_c - r) \tag{7-24}$$

图 7-12 给出系统零极点分布和根轨迹,菱形标注点为取 $k_r = -1.6$ 时闭环系统的极点。可见偏航阻尼器有较好的效果,但存在如下问题:在稳态转弯时,需要常值的偏航角速率,而现有的阻尼器的作用是尽量使偏航角速率为零。而在滚转偏航运动中,控制目的是阻止转弯过

程的偏航角速率的振荡,而保持稳定的偏航角速率,为实现这个目的需要在偏航角速率通道加入一个高通滤波器,稳态的转弯角速率将不会进入控制器的反馈,该滤波器称为洗出滤波器,图 7-13 给出了洗出滤波器 H_w 对数频率性响应。

$$H_w = \frac{4.167s}{4.167s + 1} \tag{7-25}$$

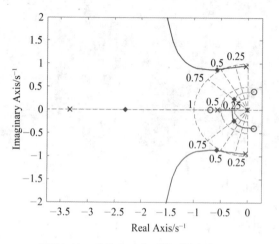

图 7-12　偏航角速度反馈系统根轨迹

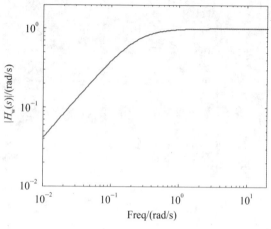

图 7-13　洗出滤波器的对数频率性响应

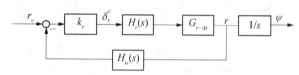

图 7-14　带洗出滤波器的偏航角速度反馈系统框图

控制系统框图如图 7-14 所示。

图 7-15 中方块标注点为没有洗出滤波器的闭环系统极点,三角形标注点为带有洗出滤波器后闭环系统的极点,可见洗出滤波器使系统的一个极点向右半平面移动,并靠近原点,但可以通过增大反馈系数 k_r,增强系统的稳定性。

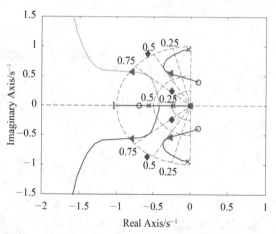

图 7-15　洗出滤波器对根轨迹的影响

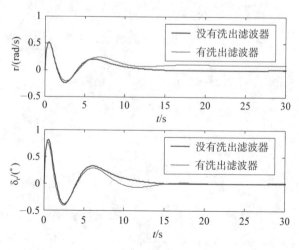

图 7-16　有无洗出滤波器对系统闭环响应的影响

由图 7-16 闭环系统脉冲响应可见带有洗出系数滤波器控制系统输出的稳态值不为零。

7.6　滚转控制器设计

由横侧向运动方程得到滚转通道运动方程为

$$\frac{\partial L}{\partial \delta_a} \Delta \delta_a + \frac{\partial L}{\partial p} \Delta p = I_x \Delta \ddot{\phi} \tag{7-26}$$

传递函数为

$$\frac{\phi}{\delta_a} = \frac{L_{\delta_a}}{s(I_x s - L_p)} \tag{7-27}$$

滚转副翼的执行机构模型为

$$H_a = \frac{1}{0.15s + 1} \tag{7-28}$$

滚转通道比例微分控制器：

$$\delta_a^c = k_\phi (\phi_d - \phi) - k_p p \tag{7-29}$$

同样假定如下关系式成立：

$$k_p = \gamma k_\phi \tag{7-30}$$

则有

$$\delta_a^c = -k_\phi (s\gamma + 1) + k_\phi \phi_d \tag{7-31}$$

取 $\gamma = 2/3$，当 $k_\phi = -30$ 时，$k_p = -20$。闭环系统极点和扰动响应曲线如图 7-17 所示。

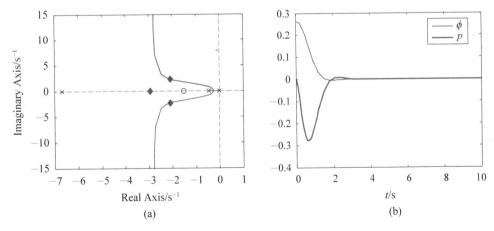

图 7-17　滚转通道比例微分控制根轨迹和扰动响应

(a) 根轨迹图　(b) 扰动响应

图 7-18 和图 7-19 分别为无侧滑滚转角控制框图和无侧滑滚转通道阶跃响应曲线。

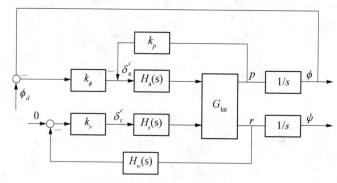

图 7-18 无侧滑滚转角控制框图

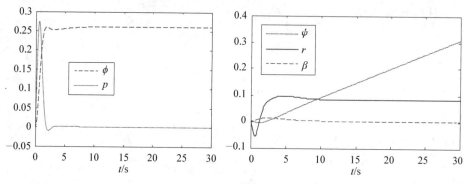

图 7-19 无侧滑滚转通道阶跃响应曲线

7.7 协调转弯运动控制

由飞机的盘旋运动公式可以得到如下运动学关系：

$$\mu \approx \tan \mu \approx \frac{u_0 \dot{\psi}}{g}, \mu \ll 1 \tag{7-32}$$

对于无侧滑运动的转弯，$\phi = \mu$，对于给定的偏航角速率，推算转弯运动的所需滚转角。$\dot{\psi}$ 有可能是有噪声的，因此需要滤波器获得光滑的信号。当 ψ_d 已知时，采用低通滤波器 $\frac{\psi}{\psi_d} = \frac{1}{\tau_1 s + 1}$，$\tau_1 = 20 \sim 40$ 取决于飞行器特性和飞行目标要求。则有 $\dot{\psi} = \frac{\psi_d - \psi}{\tau_1}$，则理想的滚转角为

$$\phi_d \approx \frac{u_0}{\tau_1 g}(\psi_d - \psi) \tag{7-33}$$

横侧向运动的自动驾驶仪系统如图 7-20 所示。

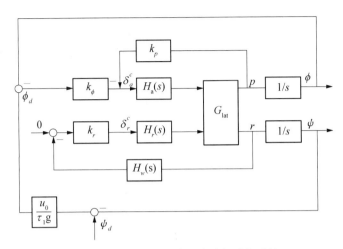

图 7-20　横侧向运动的自动驾驶仪系统

图 7-21 给出目标航向角为 15°,即 0.26 rad 的跟踪结果。跟踪稳定的结果是航向角达到目标角度,偏航角速度为零和侧滑角为零。

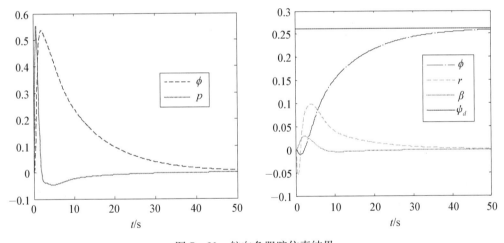

图 7-21　航向角跟踪仿真结果

8 多矢量推力飞艇复合控制系统设计

飞艇由于体积庞大和飞行速度较慢,因而具有惯性大、响应滞后的特点,并且易受环境扰动的影响,因此飞艇的控制系统设计一直是控制领域的难点。本章给出冗余配置的多螺旋桨组合飞艇的复合控制系统设计方案。复合控制系统是指舵面和螺旋桨推力的复合控制,因为系统执行机构的冗余配置,因此通过复合控制可以实现系统的可重构功能。现有技术中飞行器控制系统重构方法有两种方式:一种利用硬件(多传感器和多作动器备份)方法实现,这种方法给系统带来重量和成本的增加;另外一种是通过一定的容错算法实现的,是充分利用故障信息对故障下系统建模,利用飞行器气动和结构上的冗余,按照一定算法进行控制方法或控制律调整,使得系统飞行器稳定,并且满足故障下系统性能要求,该方法易于实现,不提高硬件成本,因此得到广泛的应用。

8.1 飞艇执行机构模型

该飞艇采用三面形倒 Y 尾翼,两侧各配置三个矢量螺旋桨。飞艇所建立机体坐标系如图 8-1 所示,原点在浮心,x 轴指向艇头,z 轴垂直向下,飞艇重心 z 坐标位于浮心之下。多个螺旋桨共同承担所需总推力,不但降低了单个推力系统的研制难度,而且提高了飞艇的操纵能力,可以辅助飞艇升降和姿态控制,提高了系统的故障下容错能力和可靠性。

飞艇的倒 Y 型尾翼合成飞艇的升降舵、副翼和方向舵。舵面的偏转定义如图 8-2 所示。侧向矢量推力有偏转角和推力大小两个变量,其定义如图 8-3 所示。

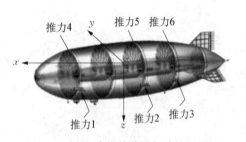

图 8-1 飞艇多螺旋桨和气动舵面配置

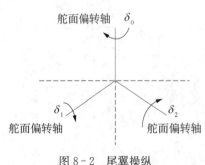

图 8-2 尾翼操纵

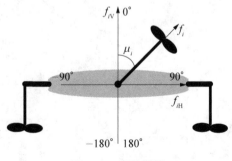

图 8-3 侧推操纵

这里 δ_i 为单个舵面偏转角度，f_i 和 μ_i 分别为单个矢量推力的推力大小和矢量转角，它们的位置约束和速率约束如下：

$$-30° \leqslant \delta_i \leqslant 30°, \ i = 0, 1, 2$$
$$-5°/s \leqslant \dot{\delta_i} \leqslant 5°/s \qquad\qquad (8-1)$$
$$|\Delta\delta| \leqslant 3°$$

$$0 \leqslant T_i \leqslant 1\,960\ \text{N}, \ i = 1, \cdots, 6$$
$$-100\ \text{N/s} \leqslant \dot{T_i} \leqslant 100\ \text{N/s},$$
$$-180° \leqslant \mu_i \leqslant 180°, \ i = 1, \cdots, 6 \qquad (8-2)$$
$$-30°/s \leqslant \dot{\mu_i} \leqslant 30°/s$$

合成舵面表达式如下：

$$\begin{bmatrix} \delta_a \\ \delta_e \\ \delta_r \end{bmatrix} = \boldsymbol{M}_\delta \begin{bmatrix} \delta_0 \\ \delta_1 \\ \delta_2 \end{bmatrix} \qquad\qquad (8-3)$$

$$\boldsymbol{M}_\delta = \begin{bmatrix} 0 & \dfrac{\sqrt{3}}{2} & \dfrac{\sqrt{3}}{2} \\[2mm] 0 & -\dfrac{\sqrt{3}}{2} & \dfrac{\sqrt{3}}{2} \\[2mm] -1 & \dfrac{1}{2} & \dfrac{1}{2} \end{bmatrix}$$

由以上矩阵可以看出，由于倒 Y 布局的尾翼，当 δ_1 和 δ_2 舵面偏转大小相同、符号相同时，这两个舵面的俯仰力矩互相抵消，不能够产生俯仰操作，这时 δ_1 和 δ_2 可作为左右辅助方向舵，同时产生附加滚转力矩。当 δ_1 和 δ_2 舵面偏转大小相同，符号相反时，这两个舵面产生俯仰力矩，两舵面产生的偏航和滚转力矩互相抵消，只能够实现俯仰操作。

每一个侧向矢量螺旋桨在机体坐标系下分解为 x 轴和 z 轴两个方向的分力：

$$f_{iH} = f_i \sin\mu_i$$
$$f_{iV} = f_i \cos\mu_i \qquad\qquad (8-4)$$

6 个矢量推力在机体坐标系下力和力矩分解为

$$\boldsymbol{F}_T = \boldsymbol{M}_T \boldsymbol{F}_{T_{HV}} \qquad\qquad (8-5)$$

$$\boldsymbol{M}_T = \begin{bmatrix} 1 & 1 & 1 & 1 & 1 & 1 & 0 & 0 & 0 & 0 & 0 & 0 \\ 0 & 0 & 0 & 0 & 0 & 0 & 0 & 0 & 0 & 0 & 0 & 0 \\ 0 & 0 & 0 & 0 & 0 & 0 & 1 & 1 & 1 & 1 & 1 & 1 \\ 0 & 0 & 0 & 0 & 0 & 0 & \boldsymbol{y}_1 & \boldsymbol{y}_2 & \boldsymbol{y}_3 & \boldsymbol{y}_4 & \boldsymbol{y}_5 & \boldsymbol{y}_6 \\ \boldsymbol{z}_1 & \boldsymbol{z}_2 & \boldsymbol{z}_3 & \boldsymbol{z}_4 & \boldsymbol{z}_5 & \boldsymbol{z}_6 & -\boldsymbol{x}_1 & -\boldsymbol{x}_2 & -\boldsymbol{x}_3 & -\boldsymbol{x}_4 & -\boldsymbol{x}_5 & -\boldsymbol{x}_6 \\ -\boldsymbol{y}_1 & -\boldsymbol{y}_2 & -\boldsymbol{y}_3 & -\boldsymbol{y}_4 & -\boldsymbol{y}_5 & -\boldsymbol{y}_6 & 0 & 0 & 0 & 0 & 0 & 0 \end{bmatrix}$$

式中，$F_T = [\begin{matrix} X & Y & Z & L & M & N \end{matrix}]^T$，$X$、$Y$、$Z$ 分别为三轴控制力，L、M、N 分别为三轴控制力矩。矩阵 M_T 代表矢量推力安装位置的矩阵，也称间接操纵矩阵。间接控制量 $F_{T_{HV}} = [f_{1H}, f_{2H}, f_{3H}, f_{4H}, f_{5H}, f_{6H}, f_{1V}, f_{2V}, f_{3V}, f_{4V}, f_{5V}, f_{6V}]^T$，式中，$f_{1H} \sim f_{6H}$ 为第 1 至第 6 个矢量推力在 X 轴的分量，$f_{1V} \sim f_{6V}$ 为第 1 至第 6 个矢量推力在 Z 轴的分量。

8.2　控制系统方案

飞行器可重构控制系统包括：控制器模块、力矩控制分配模块、舵面重构分配器、矢量推力重构分配器、两个故障识别单元和状态测量单元，其中控制器模块根据跟踪输出误差计算总的控制力和力矩至力矩控制分配模块，力矩控制分配模块进行舵面和矢量推力的力和力矩分配，两个故障识别单元分别根据飞行器的螺旋桨和舵面的故障数据设定故障权值系数，并分别输出至舵面重构分配器和矢量推力重构分配器以实现可重构控制分配，进而得到实际控制量。图 8-4 给出了飞艇可重构控制系统结构框图。

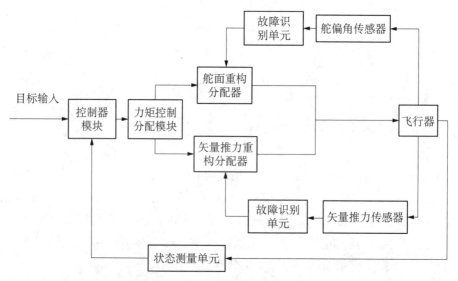

图 8-4　飞艇可重构控制系统结构框图

飞艇有 12 维状态，其中跟踪目标状态为 7 维，$[x_c, y_c, z_c, V_c, \theta_c, \psi_c, r_c]$ 分别代表惯性坐标系下三轴位置、飞行速度、俯仰角、偏航角和偏航角速率，定义 def 为用户自行设定的目标值，$RP(x_i, y_i, z_i)$ 为用户定义的路径轨迹，在不同的飞行模式下，用户定义的目标状态不同。

8.2.1　水平位置跟踪

指令输入为目标轨迹的各个目标点：

$$x_c = RP(:, 1)$$
$$y_c = RP(:, 2) \qquad\qquad (8-6)$$
$$z_c = RP(:, 3)$$

飞行器在水平面内从当前点到目标点需要达到目标航向,并使跟踪距离为零。两个航迹点的距离与飞行速度之间存在运动学关系如图 8-5 所示:

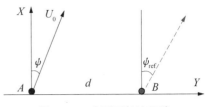

图 8-5 水平面轨迹跟踪

$$\dot{d} = U_0 \sin(\psi_{\text{ref}} - \psi) \approx U_0(\psi_{\text{ref}} - \psi) \quad (8-7)$$

为了使目标距离为零,设计跟踪滤波器:

$$\dot{d} = -\frac{1}{\tau_d} d \quad (8-8)$$

式中 τ_d 为设计参数,则为了实现轨迹跟踪,所设计的航向角为

$$-\frac{1}{\tau_d} d = U_0(\psi_{\text{ref}} - \psi_d)$$
$$\psi_c = \psi_{\text{ref}} + \frac{1}{\tau_d U_0} d \quad (8-9)$$

位置跟踪时,俯仰姿态角通常不用于跟踪,可由用户任意给定 $\theta_c = def$。

当前点到目标点的距离为

$$D = \sqrt{(y_c - y)^2 + (x_c - x)^2} \quad (8-10)$$

由跟踪距离进行跟踪速度规划如下:

$$\begin{cases} V_c = def, & D > \Delta D \\ V_c = \frac{D}{\Delta D} def, & D < \Delta D \end{cases} \quad (8-11)$$

定义 ΔD 为飞行器到达目标点的一定范围。大于该范围,飞行器将进行定速飞行,在该范围内,飞行器将进行比例速度跟踪。

8.2.2 高度位置跟踪

由跟踪高度可以规划飞行器的垂直跟踪速度,采用比例关系式:

$$\dot{z}_c = k_{\dot{z}z}(z_c - z) \quad (8-12)$$

如果按照常规飞艇的设计思路,通过俯仰角实现高度控制,则由运动学关系可以近似俯仰姿态角和垂直速度呈比例关系:

$$\theta_c = k_{\theta\dot{z}} \dot{z}_c \quad (8-13)$$

通过以上规划可以看到飞艇目标跟踪控制系统包括三个基本控制器:速度跟踪控制器、航向角和俯仰角跟踪控制器。控制系统框图如图 8-6 所示。

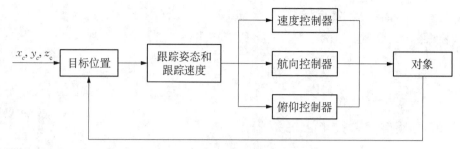

图 8-6   目标跟踪控制器结构框图

8.3   增量式 PID 控制器设计

采用增量式 PID 实现基本控制器设计(见图 8-7):

$$\Delta u = k_{pu}(e_u - e_{u\_1}) + k_{du}(e_u - 2e_{u\_1} + e_{u\_2}) + k_{iu}e_u \tag{8-14}$$

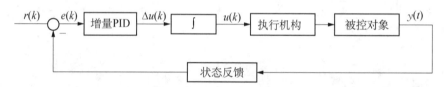

图 8-7   增量 PID 控制系统结构

考虑推力控制速度运动可以近似为一阶惯性系统模型,采用 PI 控制策略:

$$
\begin{aligned}
e_u &= u_c - u \\
\Delta T &= k_{pu}(e_u - e_{u1}) + k_{iu}e_u \\
T &= T_0 + \Delta T
\end{aligned}
\tag{8-15}
$$

考虑升降舵控制俯仰运动可以近似为二阶振荡系统模型,采用 PID 控制策略:

$$
\begin{aligned}
e_\theta &= \theta_c - \theta \\
\Delta\delta_e &= k_{p\theta}(e_\theta - e_{\theta1}) + k_{d\theta}(e_\theta - 2e_{\theta1} + e_{\theta2}) + k_{i\theta}e_\theta \\
\delta_e &= \delta_{e0} + \Delta\delta_e
\end{aligned}
\tag{8-16}
$$

考虑方向舵控制偏航角运动可以近似为二阶积分系统模型,采用 PD 控制策略:

$$
\begin{aligned}
e_\psi &= \psi_c - \psi \\
\Delta\delta_r &= k_{p\psi}(e_\psi - e_{\psi1}) + k_{d\psi}(e_\psi - 2e_{\psi1} + e_{\psi2}) \\
\delta_r &= \delta_{r0} + \Delta\delta_r
\end{aligned}
\tag{8-17}
$$

8.4   力矩分配模块设计

力矩分配模块是实现舵面和推力协调工作的手段。这里力矩控制分配模块算法如下:

$$\begin{cases} w_1 = V/V_0 , \ w_2 = 1 - w_1 , \ V_2 \geqslant V \geqslant V_1 \\ w_1 = 1 , \ w_2 = 0 , \ V > V_2 \\ w_1 = 0 , \ w_2 = 1 , \ V \leqslant V_1 \end{cases} \qquad (8-18)$$

式中，V 为当前飞行速度；V_1 为第一临界速度；V_2 为第二临界速度；w_1、w_2 分别为舵面和螺旋桨所分担的力和力矩的权值。两个临界速度 V_1、V_2 的确定是通过对舵面和矢量推力的力矩特性和耗能特性分析得出的。控制器计算得到的总的控制力 T_{tall} 通过控制分配模块给舵面和螺旋桨，其中螺旋桨承担的力矩为 $F_{Tc} = w_2 \times T_{\text{tall}}$，舵面承担的力矩为 $F_{\delta c} = w_1 \times T_{\text{tall}}$。

8.5　可重构控制系统设计

采用加权广义逆方法，设计可重构控制系统，当执行机构发生故障时，不需改变控制律，只需改变操纵加权矩阵的权值就可实现快速重构；引入间接控制向量 U 后，浮空器状态方程可以表示为如下标准仿射形式：

$$\begin{cases} \dot{x} = f(x) + g(x)U \\ y = h(x) \end{cases} \qquad (8-19)$$

式中，x 为状态量；U 为间接控制向量输入；y 为系统输出。通过广义逆方法求得唯一解 $U = (h_x g)^{-1} \cdot (\dot{y} - h_x f)$，其中 $h_x = \dfrac{\partial h(x)}{\partial x}$，$h_x g$ 称为操纵效率矩阵。

8.5.1　多舵面的重构分配算法设计

通过分析合成舵面表达式可以看出，飞艇有三个独立的舵面，舵面 δ_0 用于方向舵，δ_1 和 δ_2 可用于升降舵面或者用于方向舵面，但不能同时用于方向舵面和升降舵面。用于方向舵面时，会有副翼的滚转作用。采用加权伪逆法实现舵面系统的故障重构。三个舵面的权系数向量为 $W_\delta = \text{diag}([w_{\delta_1} , w_{\delta_2} , w_{\delta_3}])$，$w_{\delta_i}(i = 1, 2, 3)$ 分别作用于每个舵偏角的权值，其值为 1 代表舵面偏转正常；其值为 0 代表舵偏角卡死在某角度。在进行姿态控制器设计以后，由故障检测装置输出权系数矩阵，采用动态逆的方法实现自主重构。

$$\begin{bmatrix} \delta_0 \\ \delta_1 \\ \delta_2 \end{bmatrix} = \text{pinv}(\boldsymbol{M}_\delta \cdot \boldsymbol{W}_\delta) \begin{bmatrix} \delta_a \\ \delta_e \\ \delta_r \end{bmatrix} \qquad (8-20)$$

8.5.2　多螺旋桨的重构分配算法设计

多螺旋桨的各个分力与合力方程关系式写成矩阵形式为

$$\boldsymbol{F}_T = \boldsymbol{M}_T \boldsymbol{F}_{T_{\text{HV}}}$$

其中 $\boldsymbol{F}_{T_{\text{HV}}}$ 可以写为

$$F_{T_{\mathrm{HV}}} = Sf \tag{8-21}$$

$$S = [\mathrm{diag}([\sin\mu_{10}\quad \sin\mu_{20}\quad \sin\mu_{30}\quad \sin\mu_{40}\quad \sin\mu_{50}\quad \sin\mu_{60}]);$$
$$\mathrm{diag}([-\cos\mu_{10}, -\cos\mu_{20}, -\cos\mu_{30}, -\cos\mu_{40}, -\cos\mu_{50}, -\cos\mu_{60}])]$$
$$f = [f_1\quad f_2\quad f_3\quad f_4\quad f_5\quad f_6]^T$$

因此有如下表达式:

$$F_T = M_T S f \tag{8-22}$$

为了实现统一分配形式下的故障诊断,采用三个对角加权矩阵,对角线元素对应于各执行机构的状态,可根据飞艇各执行机构正常或故障状态设置不同的权值。

对于正常的执行机构,转角和推力都是执行机构变量,采用如下算式计算力:

$$F_T = P W_1 F_{T_{\mathrm{HV}}}$$

对于有转角故障的执行机构可以将转角作为定值,计算力表达式为

$$F_T = P W_s S W_2 f$$

式中

$$W_1 = \mathrm{diag}([w_{f1}\quad w_{f2}\quad w_{f3}\quad w_{f4}\quad w_{f5}\quad w_{f6}\quad w_{f1}\quad w_{f2}\quad w_{f3}\quad w_{f4}\quad w_{f5}\quad w_{f6}])$$

$$W_2 = \mathrm{diag}([\gamma_1(1-w_{f1})\gamma_2(1-w_{f2})\gamma_3(1-w_{f3})\gamma_4(1-w_{f4})\gamma_5(1-w_{f5})\gamma_6(1-w_{f6})])$$

$$W_s = \mathrm{diag}([w_{\mu1}\quad w_{\mu2}\quad w_{\mu3}\quad w_{\mu4}\quad w_{\mu5}\quad w_{\mu6}\quad w_{\mu1}\quad w_{\mu2}\quad w_{\mu3}\quad w_{\mu4}\quad w_{\mu5}\quad w_{\mu6}])$$

式中 W_{fi} 为执行机构推力的权值;$W_{\mu i}$ 为执行机构转角的权值;λ_i 为有转角故障的执行机构推力的权值。转角正常则必须使用 W_1,转角卡死必须用 W_s,推力只有效率降低没有卡死的故障,所以只能限制最大值的改变。表 8-1 给出了执行机构状态与权值分配关系。

表 8-1　执行机构状态与权值分配

执行机构状态	螺旋桨 i 正常出力	螺旋桨 i 损坏不出力	螺旋桨 i 转角卡死 推力正常	螺旋桨 i 转角正常 推力效率降低	螺旋桨 i 转角卡死 推力效率降低
权值	$w_{fi}=1,\ w_{\mu i}=0$ $\gamma_i = $ 任意	$w_{fi}=0$ $w_{\mu i}=0$ $\gamma_i = $ 任意	$w_{fi}=0$ $w_{\mu i}=1$ $\gamma_i = 1$	$w_{fi}=c,\ c<1$ $\gamma_i=0$ $w_{\mu i}=0$	$w_{fi}=0$ $w_{\mu i}=1$ $\gamma_i=c,\ c<1$

在故障发生情况下,可以识别故障,设定权值,在没有故障自动识别情况下,可以针对各种故障,预先给出各种故障情况下的权值矩阵,进行重构控制系统仿真,可重构系统总体框图如图 8-8 所示。

矢量推力重构分配模块采用补偿方法,控制器分配给的控制力为 F_{Tc},首先对没有故障的矢量推力进行分配解算,然后通过执行机构的饱和约束环节,如果指令力矩和提供的力矩有差 $\Delta F_{Tc} \neq 0$,则对剩余的有故障的执行机构进行二次重构分配。

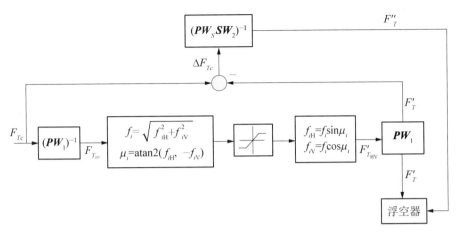

图 8-8　多矢量推力可重构控制系统结构

8.6　自主重构控制系统仿真

8.6.1　无故障下轨迹跟踪仿真

给出执行机构正常情况下,起点为坐标原点,飞行半径为 2 000 m 的圆形轨迹跟踪结果。系统可以实现无偏差的轨迹跟踪,由于重心的稳定作用,飞行器的俯仰和滚转姿态变化不大,推力波动不大,并稳定于常值,矢量推力的转角为常值,飞艇的航向由方向舵实现控制。图 8-9 给出了执行机构正常情况下系统仿真结果。

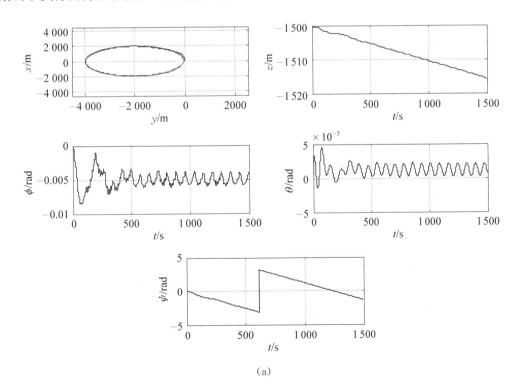

（a）

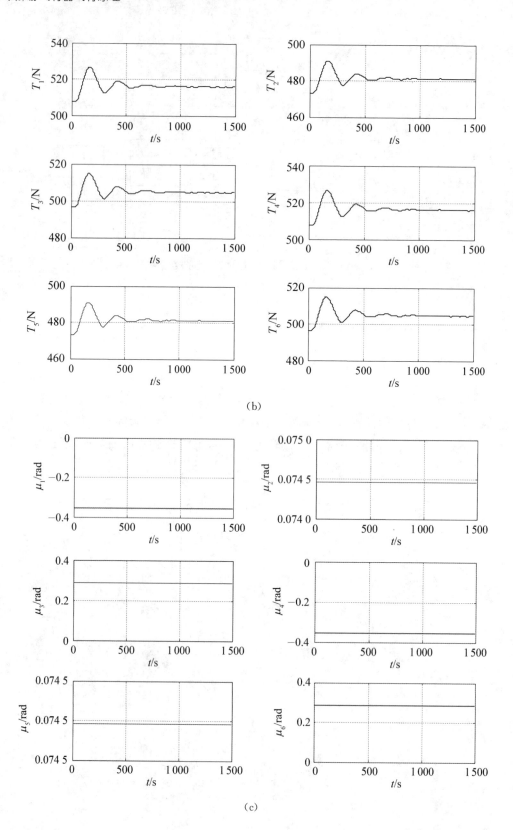

(b)

(c)

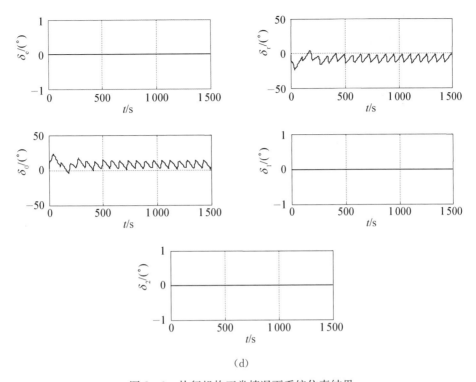

（d）

图 8 - 9　执行机构正常情况下系统仿真结果

（a）轨迹和姿态角时间历程　（b）推力时间历程　（c）矢量转角时间历程　（d）舵偏角时间历程

8.6.2　多个螺旋桨故障下仿真

图 8 - 10 给出三个矢量推力损坏、舵偏角正常情况下的仿真结果。推力偏转的初始位置为 $\boldsymbol{\mu}_0 = [\mu_{10}, \mu_{20}, \mu_{30}, \mu_{40}, \mu_{50}, \mu_{60}]$。由仿真图可以看到当有三个螺旋桨卡死时，特别是单边的三个螺旋桨都卡死时（对应第四种故障），飞行器还是能够实现基本的轨迹跟踪，和其余两种情况（左右侧各有一个或两个卡死的螺旋桨）相比，单边螺旋桨全部卡死时，另一侧的螺旋桨输出力较大，几乎达到饱和。方向舵面在航向控制中起重要的作用。俯仰角没有受控。所有舵面都用于方向控制，所以 δ_1、δ_2 符号相同。

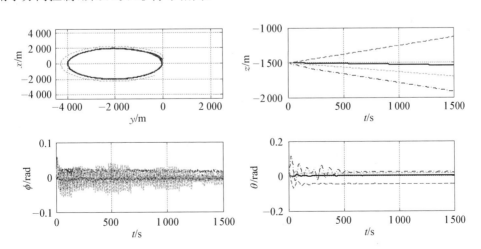

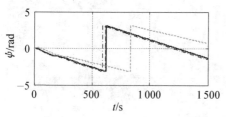

(a)

(b)

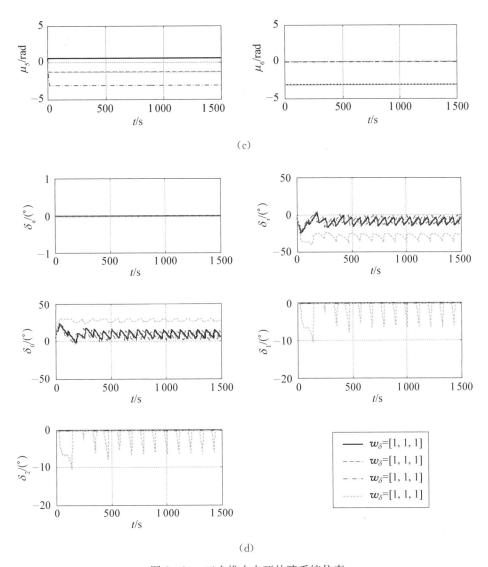

图 8-10 三个推力卡死故障系统仿真

（a）轨迹和姿态角时间历程 （b）推力时间历程 （c）矢量转角时间历程 （d）舵偏角时间历程

8.6.3 舵面和螺旋桨共同故障下仿真

图 8-11 给出舵面均失效卡死情况下，单独由螺旋桨操纵实现轨迹跟踪的仿真结果，这里部分螺旋桨发生故障时，保证左右两侧各有螺旋桨能够工作，使系统有偏航的能力：第一种故障条件下，为了实现逆时针偏转，4、5 螺旋桨达到饱和值。在第二、三种故障下，飞行高度有所偏移，这是由于故障螺旋桨需要出力，但由于其卡死在某一位置，所以产生高度上的附加力，导致高度改变。

总的来说，部分螺旋桨发生故障时，保证左右两侧各有螺旋桨能够工作，使系统有偏航的能力，就可以实现有限的轨迹跟踪运动。

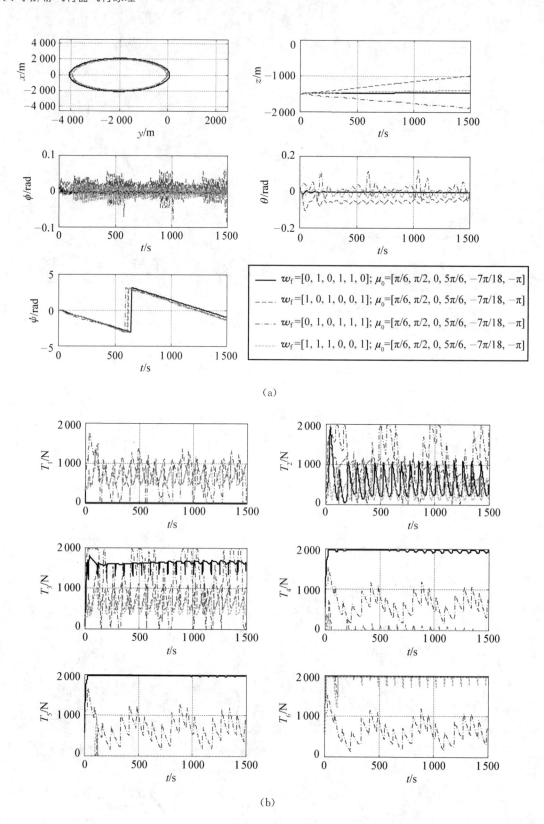

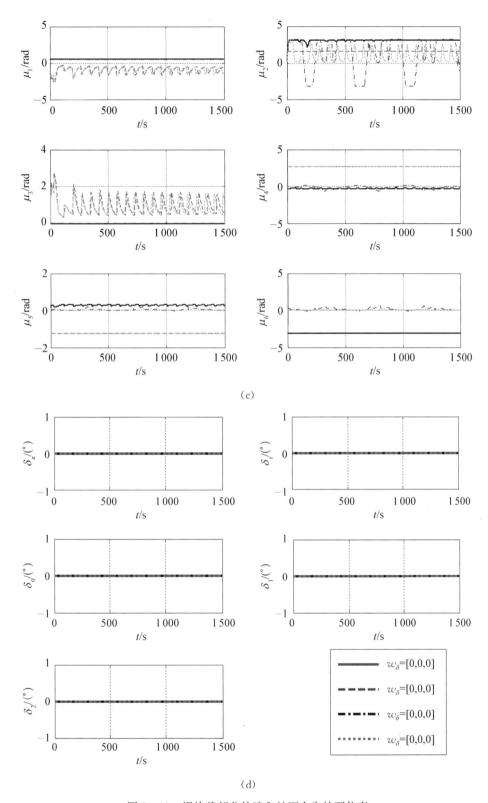

（c）

（d）

图 8-11　螺旋桨部分故障和舵面全失效下仿真

（a）轨迹和姿态角时间历程　（b）推力时间历程　（c）矢量转角时间历程　（d）舵偏角时间历程

附录

附录一　概念习题

(1) 伯努利方程及涵义。

(2) 名词解释：迎角、动压、升阻比、翼载荷、过载。

(3) 名词解释：远航速度和久航速度。

(4) 名词解释：动升限和静升限。

(5) 定义：地面坐标系、航迹坐标系、气流坐标系、机体坐标系。

(6) 表征飞行器的飞行状态的变量符号和定义。

(7) 空速、地速和风速定义和相互关系。

(8) 马赫数定义，并给出按照马赫数的飞行器分类。

(9) 飞行器操纵舵面有哪几类，对其功能进行描述。

(10) 解释飞行器的阻力组成，画出阻力–速度关系曲线。

(11) 静稳定性和动稳定性的定义，以及相互关系。

(12) 名词解释：平均气动弦长、压力中心和焦点。

(13) 升降舵舵效表达式和解释。

(14) 方向舵舵效表达式和解释。

(15) 纵向静稳定性分类和定义。

(16) 横航向静稳定性分类和定义。

(17) 解释上反角对飞行器横侧向稳定性的影响。

(18) 飞行器的风标稳定性是指什么？

(19) 解释扰流片的作用。

(20) 推导侧滑角和迎角表达式。

(21) 无风时气流坐标系和航迹坐标系的变换关系。

(22) 方向余弦矩阵定义和特点。

(23) 飞行器动力学方程推导过程。

(24) 飞行器小扰动线性化采用了哪些假设？

(25) 小扰动线性化步骤。

（26）纵向和横向运动方程简化依据。

（27）配平方程、扰动方程、特征矩阵、操纵矩阵和传递函数定义和意义。

（28）运动模态的定义和含义。

（29）模态参数计算：阻尼比、自然频率、周期、半衰期等。

（30）一阶、二阶系统特征根和运动特性的关系。

（31）飞行器横侧扰动运动有哪些典型模态？其特点是什么？

（32）飞行器纵向扰动运动有哪些典型模态？其特点是什么？

（33）飞艇飞行性能计算内容。

（34）平流层飞艇热力学公式及含义。

（35）飞艇动力学与飞机动力学区别。

（36）飞行控制系统组成。

（37）PID 控制器和调参规律。

（38）飞行器纵向和横侧向控制系统设计步骤。

（39）地面轨迹跟踪算法。

（40）可重构控制器概念。

附录二　计算习题

1. 标准大气和动压

（1）画出 0～20 km 高度范围内，标准大气参数变化曲线。

（2）某型飞行器以常值平飞速度 200 m/s，从地面起飞到 15 km 高度，画出在该飞行过程中飞行器动压随高度变化曲线。

（3）飞行器初始速度为 200 m/s，从地面起飞到 15 km 高度，如果保持动压不变，画出飞行器的飞行速度变化。

2. 飞行器升力阻力计算

已知飞行器的阻力系数极曲线为 $C_D = C_{D0} + kC_L^2 = C_{D0} + C_{Di}$，其中 C_{Di} 为诱导阻力系数。

（1）证明当 $C_{D0} = C_{Di}$ 时，也就是零升阻力和诱导阻力相等时，飞行器将获得最大升阻比；

（2）当 $C_D = 0.02 + 0.062C_L^2$，在初始高度为 2 000 m 时，计算飞行器的水平最大滑翔距离。

3. 飞行器滑翔和爬升性能

假设飞行器的推力 T 和阻力 D 与飞行速度平行，升力 L 垂直速度向量，飞行器在垂直平面内的运动方程为

$$\dot{V} = \frac{1}{m}(T - D - mg\sin\gamma) = \frac{1}{m}\left(T - C_D\frac{1}{2}\rho V^2 S - mg\sin\gamma\right)$$

$$\dot{\gamma} = \frac{1}{mV}(L - mg\cos\gamma) = \frac{1}{mV}\left(C_L\frac{1}{2}\rho V^2 S - mg\cos\gamma\right)$$

$$\dot{h} = V\sin\gamma$$

$$\dot{R} = V\cos\gamma$$

$$L/D = C_L/C_D$$

$$T/W = T/mg$$

式中，m 为飞行器的质量；γ 是爬升角；h 是飞行高度；R 是水平飞行距离。

(1) 假设 $T/W = 0.4$，$L/D = 18$，$V = 100\,\text{m/s}$，$g = 9.8\,\text{m/s}^2$，计算稳态爬升的爬升角，这里 $\dot{V} = \dot{\gamma} = 0$；

(2) 计算稳态爬升速率；

(3) 飞行器在 $2\,000\,\text{m}$ 高度飞行，在距离飞行器场为 $20\,\text{km}$ 时发动机熄火，飞行器能不能平衡滑行到机场，假设 $L/D = 18$；

(4) 在(3)同样条件下(除了 L/D 不同)，计算最小的 L/D，使其能够达到飞行器场地。

4. 飞行器跃升性能

某飞行器重 $W = 49\,000\,\text{N}$，机翼面积 $S = 25\,\text{m}^2$，在 $10\,000\,\text{m}$ 的高度上以初速度 $V_0 = 260\,\text{m/s}$ 开始跃升，假设跃升过程中发动机可用推力 T_a 与飞行器阻力 D 平衡，试确定跃升高度。已知最大允许使用升力系数如下：

Ma	0.4	0.6	0.8	1.0	1.2
C_L	0.95	0.80	0.70	0.62	0.57

迭代求解步骤：

(1) 给定 H_0 和 V_0，先估计一个 V'_{al}，由下式计算 $\Delta H'$：

$$\Delta H_{\max} = \frac{1}{2g}(V_0^2 - V_{al}^2)$$

(2) 计算最终上升高度，以及查阅表或采用标准大气表达式计算该高度的密度和声速，并由题目中表格得到给定飞行速度下的升力系数。

(3) 由下面升重平衡表达式，计算在该高度下的可行飞行速度 V''_{al}：

$$V_a = \sqrt{\frac{2G}{\rho S C_{La}}}$$

(4) 重复(1)~(3)，直到先后两次计算的 V_{al} 变化很小为止。

5. 飞行器加减速性能

某飞行器重量 $W = 58\,800\,\text{N}$，机翼面积 $S = 28\,\text{m}^2$，在 $H = 6\,000\,\text{m}$ 高度上以 $V = 250\,\text{m/s}$

做水平直线飞行。设飞行器开始平飞加速，为获得加速度的 $dV/dt = 5$ m/s^2，试问此时发动机可用推力应为多少?(其极曲线可表示为 $C_D = 0.0144 + 0.08C_L^2$)。

6. 飞行器转弯性能

某飞行器重量 $W = 70\,000$ N，机翼面积 $S = 25$ m^2，其极曲线可表示为 $C_D = 0.015 + 0.06C_L^2$ 和 $C_{Lmax} = 1.4$，极限过载 $n_{n.max} = 8$。若飞行器以 $V = 300$ km/h 在水平面内 15 s 完成 180° 的转弯时，试确定相应的航迹滚转角 μ，升阻比 K，法向过载 n_f，转弯半径 R，以及所需的可用推力 T_a。

7. 尾翼对静稳定性影响

某航空器翼身组合体的俯仰力矩系数为 $C_{mwb} = -0.05 - 0.0035\alpha_{wb}$，由于 $-0.05 < 0$，所以该翼身组合体不能在正的迎角处配平，飞行器的几何参数为

$$S = 178 \text{ ft}^2$$
$$\bar{c} = 5.0 \text{ ft}$$
$$\frac{\partial \varepsilon}{\partial \alpha} = 0.35$$
$$\varepsilon_0 = 1.3°$$
$$l_t = 14.75 \text{ ft}$$
$$C_{L_{a_t}} = 0.073(1/\text{deg})$$

估计尾翼面积和尾翼安装角，使该飞行器有理想的俯仰力矩特性为

$$C_{mwbt} = 0.15 - 0.025\alpha_{wb}。$$

8. 升降舵舵效和操纵性能

在某飞行器着陆时(襟翼和起落架放下)，在 $\delta_e = 0$ 时，它的俯仰力矩曲线如下:

$$C_m = -0.2 - 0.035\alpha(\alpha°)$$

除此之外，

$$h = 0.295, \ h_{n_{wb}} = 0.25, \ C_{La} = 0.075(1/\text{deg})$$
$$S_t = 43 \text{ ft}^2, \ S = 184 \text{ ft}^2, \ \bar{V}_t = 0.66$$

着陆时升降舵的操纵范围为 $-30° \leqslant \delta_e \leqslant 30°$。

（1）确定在 $\alpha = 10°$，$\delta_e = -25°$ 配平时，升降舵的舵效 α_e。以及 $C_{L_{\delta_e}}$，C_{m0}，C_{m_α}；

（2）如果重心位置前移到 $h = 0.2$，求所需升降舵舵偏角 $\delta_{e_{trim}}$，使其在 $\alpha = 10°$ 时配平飞行器，利用（1）求出的 $C_{m_{\delta_e}}$。

9. 飞行器配平

某飞行器相对于重心的俯仰力矩系数 C_m 和升力 C_L 系数在不同的舵偏角如图所示,飞行器的参数如下:

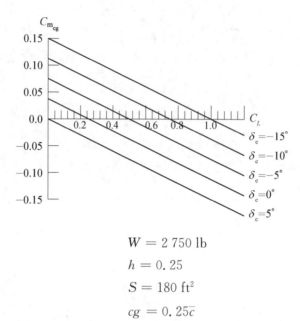

$$W = 2\,750 \text{ lb}$$
$$h = 0.25$$
$$S = 180 \text{ ft}^2$$
$$cg = 0.25\bar{c}$$

(1)估计中性点的位置;

(2)估计升降舵的控制效能 $C_{m_{\delta_e}} = \dfrac{\partial C_m}{\partial \delta_e}$;

(3)飞行器海平面飞行速度为 125 ft/s,求其配平升力系数和升降舵偏角。

10. 特征方程求解

某飞行器的悬停的运动方程为

$$\dot{\phi} = p$$
$$\dot{\theta} = q$$
$$\dot{p} = \frac{L_\phi}{I_x}\phi - \frac{H}{I_x}q$$
$$\dot{q} = \frac{M_\theta}{I_y}\theta - \frac{H}{I_y}p$$

(1)参照传统的飞行器直线前飞的线性化动力学方程来看,该飞行器悬停时纵向和横侧向线性化动力学解耦吗,如果不解耦,哪一项是耦合项?

(2)求解此运动方程的特征方程。

11. 运动方程线性化

某一飞行器从俯冲的底部,开始以常值俯仰角速度 $q_0 = u_0/R$ 稳态拉起,这里 u_0 是常值速度,R 是曲线半径,且 $\phi_0 = \psi_0 = 0$。推导飞行器在俯冲底部的六自由度线性化方程,假设在该点 $\theta_0 = 0$,并且注意配平时 $q_0 \neq 0$。

12. 配平和小扰动线性化

飞行器以等速、等高飞行条件作稳态转弯($u_0 =$ 常值,$h_0 =$ 常值,$w_0 = v_0 = \theta_0 = 0$),保持常值滚转角 $\phi_0 < 90°$ 和常值转弯速率 Ω。

（1）用两种方法证明飞行器的配平角速率为

$$q_0 = \Omega \sin \phi_0$$
$$r_0 = \Omega \cos \phi_0$$
$$P_0 = 0$$

（2）计算下面各轴配平力和力矩：Y_0，Z_0，L_0，M_0，N_0。

$$Y_0 = m\Omega u_0 \cos \phi_0 - mg \sin \phi_0$$

（3）计算 Y 轴小扰动线性化运动方程。

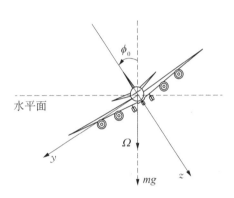

13. 飞行器纵向飞行品质计算

某运输机在海平面,$M_a = 0.4$ 的纵向运动线性化方程为(采用英制单位和度)：

$$\begin{bmatrix} \Delta \dot{u} \\ \Delta \dot{w} \\ \Delta \dot{q} \\ \Delta \dot{\theta} \end{bmatrix} = \begin{bmatrix} -0.035\,8 & 0.117\,1 & 0 & -32.2 \\ -0.423\,3 & -0.757\,3 & 156 & 0 \\ 0.000\,7 & -0.005\,2 & -1.732 & 0 \\ 0 & 0 & 1 & 0 \end{bmatrix} \begin{bmatrix} \Delta u \\ \Delta w \\ \Delta q \\ \Delta \theta \end{bmatrix}$$

（1）用计算机计算飞行器的特征值和判断该飞行器的运动稳定性；
（2）用手工计算每组特征值的阻尼比和无阻尼自然频率；
（3）识别该飞行器的短周期和长周期运动模态。

14. 飞行器横侧向飞行品质计算

某飞行器在 $40\,000$ ft 高度下,以 774 ft/s 的速度水平直线前飞,其横侧向小扰动线性化动力学方程为

$$\dot{v} = -0.055\,8v - 7.74r + 0.322\phi + 0.564\delta_r$$

$$\dot{r} = 0.077\,3v - 0.115r - 0.031\,8p + 0.007\,55\delta_a - 0.475\delta_r$$

$$\dot{p} = -0.394v + 0.388r - 0.465p + 0.143\delta_a + 0.153\delta_r$$

$$\dot{\phi} = p$$
$$\dot{\psi} = r$$

（速度单位为 ft/s，角度单位为 rad/100(crad)，角速度单位为 crad/s）。

（1）利用计算机获得如下 6 个传递函数；

$$G_{\beta\delta_r}(s), G_{\beta\delta_a}(s), G_{\phi\delta_r}(s), G_{\phi\delta_a}(s), G_{\psi\delta_r}(s), G_{\psi\delta_a}(s)$$

（2）识别飞行器的横侧向个运动模态（阻尼比、自然频率等）；

（3）在方向舵输入为幅值为 5 crad，脉冲宽度为 1 s 的脉冲响应时，画出飞行器侧滑角、滚转角和航向角在方向舵输入后的 10 s 内的时间响应历程（假设所有初始条件为零）。

15. 飞艇飞行性能计算

某软式飞艇总体积为 $300\,000\,\text{m}^3$，$M_{net} = 17\,462.86\,\text{kg}$，$R_{air} = 286.69\,\text{J}/(\text{K} \cdot \text{kg})$，$R_{He} = 2\,078.5\,\text{J}/(\text{K} \cdot \text{kg})$，升降过程保持内外压差 $\Delta p = 400\,\text{Pa}$。

（1）计算起飞点最小氦气质量和飞艇的最大飞行高度；

（2）画出从地面到压力高度飞艇的氦气囊体积的变化。

16. 飞艇飞行品质计算

某低空飞艇的横纵向线性化动力学模型为

$$
\begin{bmatrix} \dot{u} \\ \dot{w} \\ \dot{q} \\ \dot{\theta} \end{bmatrix} =
\begin{bmatrix}
-0.023\,4 & -0.025 & 8.375\,3 & 0.826\,4 \\
6.277 \times 10^{-4} & -0.148\,5 & 25.014 & 0.005\,7 \\
8.28 \times 10^{-5} & 0.002\,6 & -0.871\,1 & -0.086 \\
0 & 0 & 1 & 0
\end{bmatrix}
\begin{bmatrix} u \\ w \\ q \\ \theta \end{bmatrix} +
$$

$$
\begin{bmatrix}
0.500\,8 & 9.64 \times 10^{-3} \\
-0.760\,4 & 6.75 \times 10^{-6} \\
-0.052\,1 & 1.015 \times 10^{-4} \\
0 & 0
\end{bmatrix}
\begin{bmatrix} \delta_e \\ \delta_t \end{bmatrix}
$$

$$
\begin{bmatrix} \dot{v} \\ \dot{p} \\ \dot{r} \\ \dot{\phi} \\ \dot{\psi} \end{bmatrix} =
\begin{bmatrix}
-0.135\,5 & -1.403\,1 & 8.099\,4 & -2.951\,3 & 0 \\
-0.003\,5 & -0.250\,9 & 1.096\,4 & -0.527\,7 & 0 \\
-0.004\,6 & -0.003\,8 & -0.927\,6 & -0.007\,0 & 0 \\
0 & 1.000\,0 & 0 & 0 & 0 \\
0 & 0 & 1 & 0 & 0
\end{bmatrix}
\begin{bmatrix} v \\ p \\ r \\ \phi \\ \psi \end{bmatrix} +
\begin{bmatrix} 0.928\,3 \\ 0.009\,2 \\ -0.060\,9 \\ 0 \\ 0 \end{bmatrix}
\begin{bmatrix} \delta_r \end{bmatrix}
$$

（1）求系统的特征方程，分析系统的运动模态和初始扰动响应曲线；

（2）求系统传递函数，并对单通道传递函数进行化简，画出系统操纵响应曲线。

附录三　课程设计

如下给出不同类飞机(所有微分系数单位为 1/rad)和浮空器的动力学参数,按照本书所学内容和步骤进行飞行器的飞行品质分析,给出每类飞行器的动稳定性和操纵性的分析结果,并进行各通道的控制器设计。

课程设计题目和要求:

(1) 对于某型飞行器,给出飞行品质计算,并分析影响飞行品质的主要参数;

(2) 对于某型飞行器,分析马赫数和高度对飞行品质的影响;

(3) 对比分析不同型号战斗机的飞行品质,研究参数不同对飞行品质的影响;

(4) 对比分析不同型号运输机的飞行品质,研究参数不同对飞行品质的影响;

(5) 分析战斗机和运输机的飞行品质差异和决定性参数;

(6) 分析低、中空飞艇的飞行品质差异和决定性参数;

(7) 分析运输机和飞艇的飞行品质差异和决定性参数;

(8) 对于某型飞行器,设计飞行器的速度跟踪控制器;

(9) 对于某型飞行器,设计飞行器的姿态稳定控制器;

(10) 对于某型飞行器,设计飞行器的平面轨迹跟踪控制器;

(11) 对于某型飞行器,设计飞行器的高度跟踪控制器;

(12) 分析大气静力飞行器和大气动力飞行器的控制系统设计特点。

Convair 880 运输机

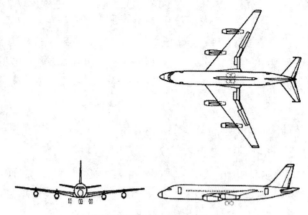

图 1 Convair 880 运输机

W(lbs)	I_x(Slug·ft^2)	I_y(Slug·ft^2)	I_z(Slug·ft^2)	I_{xz}(Slug·ft^2)	S(ft^2)	$\bar{c}$(ft)	b(ft)
126 000	115 000	2 450 000	4 070 000	0	2 000	18.94	120

纵向	C_L	C_D	C_{L_α}	C_{D_α}	C_{m_α}	$C_{L_{\dot\alpha}}$	$C_{m_{\dot\alpha}}$	C_{L_q}	C_{m_q}
$Ma=0.25$ See level	0.68	0.08	4.52	0.27	−0.903	2.7	−4.13	7.72	−12.1
$Ma=0.80$ 35 000 ft	0.347	0.024	4.8	0.15	−0.65	2.7	−4.5	7.5	−4.5

纵向	$C_{L_{Ma}}$	$C_{D_{Ma}}$	$C_{m_{Ma}}$	$C_{L_{\delta_e}}$	$C_{m_{\delta_e}}$
$Ma=0.25$ See level	0	0	0	0.213	−0.637
$Ma=0.80$ 35 000 ft	0.0	0.0	0.0	0.19	−0.57

横侧向	C_{y_β}	C_{l_β}	C_{n_β}	C_{l_p}	C_{n_p}	C_{l_r}	C_{n_r}
$Ma=0.25$ See level	−0.877	−0.196	0.139	−0.381	−0.049	0.198	−0.185
$Ma=0.80$ 35 000 ft	−0.812	−0.177	0.129	−0.312	−0.011	0.153	−0.165

横侧向	$C_{l_{\delta_a}}$	$C_{n_{\delta_a}}$	$C_{y_{\delta_r}}$	$C_{l_{\delta_r}}$	$C_{n_{\delta_r}}$
$Ma=0.25$ See level	−0.038	0.017	0.216	0.022 6	−0.096
$Ma=0.80$ 35 000 ft	−0.05	0.008	0.184	0.019	−0.076

STOL 运输机

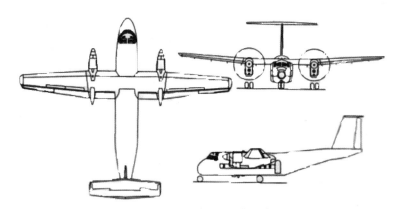

图 2 STOL 短距离起降运输机

W(lbs)	I_x(Slug·ft^2)	I_y(Slug·ft^2)	I_z(Slug·ft^2)	I_{xz}(Slug·ft^2)	S(ft^2)	$\overline{c}$(ft)	b(ft)
40 000	273 000	215 000	447 000	0	945	10.1	96

纵向	C_L	C_D	C_{L_a}	C_{D_a}	C_{m_a}	C_{L_δ}	C_{m_δ}	C_{L_q}	C_{m_q}
$Ma=0.14$ See level	1.5	0.127	5.24	0.67	−0.78	1.33	−6.05	7.83	−35.6
$Ma=0.37$ 10 000 ft	0.3	0.036	5.24	0.67	−0.78	1.33	−6.05	7.83	−35.6

纵向	$C_{L_{Ma}}$	$C_{D_{Ma}}$	$C_{m_{Ma}}$	$C_{L_{\delta_e}}$	$C_{m_{\delta_e}}$
$Ma=0.14$ See level	0	0	0	0.465	−2.12
$Ma=0.37$ 10 000 ft	0	0	0	0.465	−2.12

横侧向	C_{y_β}	C_{l_β}	C_{n_β}	C_{l_p}	C_{n_p}	C_{l_r}	C_{n_r}
$Ma=0.14$ See level	−0.362	−0.125	0.101	−0.53	−0.283	0.410	−0.188
$Ma=0.37$ 10 000 ft	−0.362	−0.125	0.101	−0.53	−0.037	0.113	−0.171

横侧向	$C_{l_{\delta_a}}$	$C_{n_{\delta_a}}$	$C_{y_{\delta_a}}$	$C_{l_{\delta_r}}$	$C_{n_{\delta_r}}$
$Ma=0.14$ See level	0.20	0	−0.233	−0.024	0.107
$Ma=0.37$ 10 000 ft	0.20	0	−0.233	−0.024	0.107

F-104A　战斗机

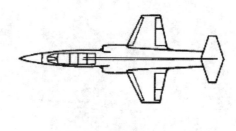

图 3　F-104A　战斗机

W(lbs)	I_x(Slug·ft²)	I_y(Slug·ft²)	I_z(Slug·ft²)	I_{xz}(Slug·ft²)	S(ft²)	$\bar{c}$(ft)	b(ft)
16 300	3 549	58 611	59 669	0	196.1	9.55	21.94

纵向	C_L	C_D	C_{L_α}	C_{D_α}	C_{m_α}	$C_{L_{\dot\alpha}}$	$C_{m_{\dot\alpha}}$	C_{L_q}	C_{m_q}
$Ma=0.257$ See level	0.735	0.263	3.44	0.45	−0.64	0	−1.6	0	−5.8
$Ma=1.8$ 55 000 ft	0.2	0.055	2.0	0.38	−1.3	0.0	−2.0	0	−4.8

纵向	$C_{L_{Ma}}$	$C_{D_{Ma}}$	$C_{m_{Ma}}$	$C_{L_{\delta_e}}$	$C_{m_{\delta_e}}$
$Ma=0.257$ See level	0	0	0	0.68	−1.46
$Ma=1.8$ 55 000 ft	−0.2	0.0	−0.01	0.52	−0.1

横侧向	C_{y_β}	C_{l_β}	C_{n_β}	C_{l_p}	C_{n_p}	C_{l_r}	C_{n_r}
$Ma=0.257$ See level	−1.17	−0.175	0.5	−0.285	−0.14	0.265	−0.75
$Ma=1.8$ 55 000 ft	−1.0	−0.09	0.24	−0.27	−0.09	0.15	−0.65

横侧向	$C_{l_{\delta_a}}$	$C_{n_{\delta_a}}$	$C_{y_{\delta_r}}$	$C_{l_{\delta_r}}$	$C_{n_{\delta_r}}$
$Ma=0.257$ See level	0.039	0.004 2	0.208	0.045	−0.16
$Ma=1.8$ 55 000 ft	0.017	0.002 5	0.05	0.008	−0.04

A‑4D 战斗机

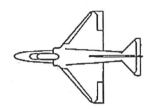

图 4 A‑4D 战斗机

$W(\text{lbs})$	$I_x(\text{Slug}\cdot\text{ft}^2)$	$I_y(\text{Slug}\cdot\text{ft}^2)$	$I_z(\text{Slug}\cdot\text{ft}^2)$	$I_{xz}(\text{Slug}\cdot\text{ft}^2)$	$S(\text{ft}^2)$	$\bar{c}(\text{ft})$	$b(\text{ft})$
17 578	8 090	25 900	29 200	1 300	260	10.8	27.5

纵向	C_L	C_D	C_{L_a}	C_{D_a}	C_{m_a}	$C_{L_{\dot{a}}}$	$C_{m_{\dot{a}}}$	C_{L_q}	C_{m_q}
$Ma=0.4$ See level	0.28	0.03	3.45	0.3	−0.38	0.72	−1.1	0.0	−3.6
$Ma=0.8$ 35 000 ft	0.3	0.038	4.0	0.56	−0.41	1.12	−1.65	0.0	−4.3

纵向	$C_{L_{Ma}}$	$C_{D_{Ma}}$	$C_{m_{Ma}}$	$C_{L_{\delta_e}}$	$C_{m_{\delta_e}}$
$Ma=0.4$ See level	0.0	0	0.0	0.36	−0.5
$Ma=0.8$ 35 000 ft	0.15	0.03	−0.05	0.4	−0.6

横侧向	C_{y_β}	C_{l_β}	C_{n_β}	C_{l_p}	C_{n_p}	C_{l_r}	C_{n_r}
$Ma=0.4$ See level	−0.98	−0.12	0.25	−0.26	0.022	0.14	−0.35
$Ma=0.8$ 35 000 ft	−1.04	−0.14	0.27	−0.24	0.029	0.17	−0.39

横侧向	$C_{l_{\delta_a}}$	$C_{n_{\delta_a}}$	$C_{y_{\delta_r}}$	$C_{l_{\delta_r}}$	$C_{n_{\delta_r}}$
$Ma=0.4$ See level	0.08	0.06	0.17	−0.105	0.032
$Ma=0.8$ 35 000 ft	0.072	0.04	0.17	−0.105	0.032

ZY‑01　低空飞艇

图 5　上海交通大学的 25 m 全电飞艇

m (kg)	V_0 (m/s)	Z_G (m)	V_{ol} (m³)	I_x (kg·m²)	I_y (kg·m²)	I_z (kg·m²)	I_{xz} (kg·m²)
918	8	2.6	750	7 539	18 075	11 300	2 200

m_{11} (kg)	m_{22} (kg)	m_{33} (kg)	m_{44} (kg·m²)	m_{55} (kg·m²)	m_{66} (kg·m²)	m_{35} (kg·m)	m_{26} (kg·m)
110	738	738	0	$1.3×10^4$	$1.3×10^4$	39.896 8	−39.896 8

$\alpha°$	$\beta°$	C_X	C_Y	C_Z	C_l	C_m	C_n
−10	0	−0.021 14	0	0.143 598	0	−0.098 8	0
−5	0	−0.020 98	0	0.058 388	0	−0.059 05	0
0	0	−0.020 51	0	0	0	0	0
5	0	−0.020 12	0	−0.058 39	0	0.059 048	0
10	0	−0.019 81	0	−0.143 6	0	0.098 804	0
0	−5	−0.020 98	−0.058 39	0	0	0	−0.059 05
0	−10	−0.020 51	−0.143 6	0	0	0	−0.098 8
0	5	−0.020 98	0.058 388	0	0	0	0.059 048
0	10	−0.020 51	0.143 598	0	0	0	0.098 804

$C_{Z_{\delta_e}}$	$C_{Y_{\delta_r}}$	$C_{m_{\delta_e}}$	$C_{n_{\delta_r}}$	C_{Z_q}	C_{Y_r}	C_{m_q}	C_{n_r}
−0.004 3	0.004 3	−0.002 6	−0.002 6	−1.451 763	1.451 763	−1.257 392	−1.257 392

ZK－01　中空飞艇

图 6　上海交通大学的 97 m 中空艇

m (kg)	V_0 (m/s)	Z_G (m)	V_d (m³)	I_x (kg·m²)	I_y (kg·m²)	I_z (kg·m²)	I_{xz} (kg·m²)
29 157	15	3.9	2.5×10^4	2.7×10^6	1.6×10^7	1.7×10^7	6.7×10^5

m_{11} (kg)	m_{22} (kg)	m_{33} (kg)	m_{44} (kg·m²)	m_{55} (kg·m²)	m_{66} (kg·m²)	m_{35} (kg·m)	m_{26} (kg·m)
2.6×10^3	2.7×10^4	2.9×10^4	0	1.4×10^7	1.0×10^7	1.5×10^5	-6.0×10^4

α°	β°	C_X	C_Y	C_Z	C_l	C_m	C_n
−10	0	−0.050 3	0	0.149 1	0	−0.098	0
−5	0	−0.055 8	0	0.001 1	0	−0.029	0
0	0	−0.058 1	0	0	0	0	0
5	0	−0.056 1	0	−0.001 1	0	0.029	0
10	0	−0.050 2	0	−0.149 1	0	0.098 8	0
0	−5	−0.056 1	−0.088 8	0	0	0	−0.068 7
0	−10	−0.050 4	−0.176 6	0	0	0	−0.132 7
0	5	−0.056 0	0.090 2	0	0	0	0.069 8
0	10	−0.050 3	0.178 6	0	0	0	0.134 1

$C_{Z_{\delta_e}}$	$C_{Y_{\delta_r}}$	$C_{m_{\delta_e}}$	$C_{n_{\delta_r}}$	C_{Z_q}	C_{Y_r}	C_{m_q}	C_{n_r}
0.000 44	0.000 44	0.000 63	0.000 63	−0.048	0.078 8	−3.257 392	−4.630 4

参 考 文 献

［1］沈宏良,唐硕等.飞行力学学科发展研究,航空科学技术学科发展报告［R］.2010—2011.

［2］马建军,郑志强等.飞行控制发展研究,控制科学与工程学科发展报告［R］.2012—2013.

［3］何庆芝.飞行器设计手册:常用公式、符号、数表［M］.北京:航空工业出版社,1996.

［4］肖业伦,金长江.大气扰动中的飞行原理［M］.北京:国防工业出版社,1993.

［5］KUIPERS J B. Quaternions and Rotation Sequences-A Primer with Applications to Orbits, Aerospace and Virtual Reality ［M］. Princeton: Princeton University Press, 1998.

［6］ANDERSON J D. Aircraft Performance and Design ［M］. New York: McGraw Hill companies, 1999.

［7］NELSON R C. Flight Stability and Automatic Control ［M］. 2nd ed. Boston: MA: McGraw Hill, 1997.

［8］SWATTON P J. The Principles of Flight for Pilots ［M］. Hoboken: John Wiley & Sons Ltd, 2011.

［9］ETKINB, REID L D. Dynamics of Flight: Stability and Control ［M］. 3rd ed. New York: Wiley, 1995.

［10］JONATHAN P. How Aircraft Stability and Control, Course Number: 16. 333http://ocw. mit. edu/courses/aeronautics-and-astronautics/.

［11］吴森堂,飞行控制系统［M］.北京:北京航空航天大学出版社,2013.

［12］方振平,陈万春等.航空飞行器飞行动力学［M］.北京:北京航空航天大学出版社,2010.

［13］KHOURYA,GILLETT J D. Airship Technology ［M］. Combridge: Combridge University Press, 1999.

［14］施生达.潜艇操纵性［M］.北京:国防工业出版社,1995.

［15］CHEN L, ZHOU G, DUAN D P. Composite Control Strategy of Stratospheric Airships with Moving Masses ［J］. Journal of Aircraft, 2012,49(3):794 - 801.

［16］CHEN L, ZHOU H, DUAN D P. Control of the Horizontal Position of a Stratospheric Airship during Ascent and Descent ［J］. The Aeronautical Journal, 2015,119(1214):523 - 541.

索　引